# Gras *im* Garten

## Wie Hanf *in den* USA *unter* freiem Himmel angebaut wird

Dieses Buch beschreibt und illustriert den Umgang mit Hanf in den USA (Stand 2020). Es ist ausdrücklich keine Anleitung oder Ermunterung zum Gärtnern von Hanf in Deutschland, Österreich oder der Schweiz. Zur Vermeidung einer Strafverfolgung ist für jede Art von praktischer Umsetzung vorab eine kompetente rechtliche Beratung unerlässlich.

# Gras *im* Garten

von Johanna Silver

Fotos von Rachel Weill

Aus dem Englischen
von Ulrike Becker

Verlag Antje Kunstmann

## Wie Hanf *in den* USA *unter* freiem Himmel angebaut wird

Für
*High*school
Johanna

# Inhalt

# Reden *wir* Klartext



**Ich sage es euch ganz ehrlich: Ich bin keine Kifferin. Zwar habe ich während meiner letzten beiden Jahre auf der Highschool in Denver, Colorado, fast alle großen Pausen damit verbracht, im Robinson Park Gras zu rauchen – doch diese Phase meines Lebens ist lange vorbei. Ich kiffe so gut wie gar nicht mehr. Nur mein Bruder in New York, der größte Cannabisfan aller Zeiten, sorgt, wenn wir uns treffen, dafür, dass ich nicht komplett abstinent werde.**

Dass ich mal ein Buch über Cannabis schreiben würde, hätte ich mir nie träumen lassen. Ende 2017 verlor ich meine Stelle als Gartenredakteurin beim Lifestyle-Magazin *Sunset*, hatte aber fest vor, weiter über Pflanzen und Gartenthemen zu schreiben. Auf meiner Liste beruflicher Kontakte stand auch Kitty Morgan, die während meiner zehnjährigen Beschäftigung bei *Sunset* eine Zeit lang dort Chefredakteurin gewesen war. Inzwischen war sie als stellvertretende Redaktionsleiterin beim *San Francisco Chronicle* gelandet. Kitty ist eine entschlossene, kreative Person und eine fantastische Lektorin. Ich schrieb ihr, dass ich gern wieder für sie schreiben würde, und rechnete mit einem Auftrag über eines meiner angestammten Themen – Gartengestaltung, essbare Pflanzen, Topfpflanzen.

Ein Cannabissämling ganz am Anfang seiner Entwicklung.

Stattdessen wollte sie, dass ich in meinem Garten Cannabis anbaute und das Projekt aus Sicht der Gärtnerin dokumentierte. „Ich weiß nicht mal, wo ich Samen herkriegen soll", wandte ich ein. „Ein ausgezeichneter erster Satz!", rief sie.

Alle Straßen in den Countys Mendocino, Humboldt und Trinity führen in Richtung Cannabis – man muss nur wissen, wo man suchen muss (und höchstwahrscheinlich ist es eine gute Idee, sich vorher eine Einladung zu besorgen).

Proposition 64, der Volksentscheid, durch den 2016 in Kalifornien der Konsum von Cannabis als Genussmittel legalisiert wurde, sollte wenige Wochen später als Gesetz in Kraft treten – und wie alle anderen Medien stand auch der ***Chronicle*** vor der Frage, wie man mit diesem Thema von nun an umgehen sollte.

Schon nach kurzem Googeln hatte ich herausgefunden, dass Cannabis zweihäusig ist, das heißt, es gibt männliche und weibliche Pflanzen. Man muss also nicht nur lernen, das Geschlecht der Pflanzen zu bestimmen – im Englischen sagt man dazu „to sex plants", und allein dieser Ausdruck weckte schon mein Interesse –, sondern man muss auch wissen, dass eine lohnende Ernte nur zu erwarten ist, wenn es einem gelingt, alle männlichen Pflanzen aus dem Garten zu verbannen. Wisst ihr, wie wenige zweihäusige Nutzpflanzen es gibt? Ich verrate es euch: extrem wenige. Kiwi, Spargel und Spinat sind zweihäusig, auf alle anderen einjährigen Sommergewächse trifft das nicht zu. Stellt euch mal vor, ihr sät Tomaten aus, müsst dann herausbekommen, wie man weibliche und männliche Pflänzchen voneinander unterscheidet, und schließlich müsst ihr die Hälfte der Pflanzen wegschmeißen. Die Gartenfanatikerin in mir war bei dem Gedanken sofort Feuer und Flamme.

Es kommt noch besser. Als ich anfing zu schreiben, wurde der Umsatz beim Marihuana-Handel allein in Kalifornien auf 5 Milliarden Dollar beziffert und rangierte damit gleich nach Milchprodukten (6 Milliarden) und Mandeln (5,5 Milliarden) und gleichauf mit Weintrauben (ebenfalls 5 Milliarden). Und das, obwohl das Produkt nie ein modernes Zuchtprogramm durchlaufen hat, bei dem schädlings- und krankheitsresistente oder samenstabile Sorten selektiert werden. Noch etwas, das mich umhaute. Und dazu kommt: Der medizinische Nutzen von Cannabis – auch wenn es angeblich gegen alles hilft, von Schmerzen bis Krebs – ist bisher wissenschaftlich kaum untersucht worden. Nichts anderes auf der Welt wird so viel angebaut und doch so wenig durchschaut und erforscht.

Nachdem mein Projekt angelaufen war und ich es für den *Chronicle* beschrieb, lernte ich eine Handvoll Farmer aus den Countys Humboldt und Mendocino kennen (dem Gebiet, das man *Emerald Triangle* – Smaragddreieck – nennt und aus dem der größte Teil des in den USA angebauten Cannabis stammt). Ich traf Familien, in denen das in den letzten hundert Jahren geltende Verbot dieser Pflanze deutliche Spuren hinterlassen hat. Für mich war dies der Moment, in dem ich mein Vorhaben nicht mehr nur als amüsantes Abenteuer betrachtete, sondern anfing, es ein bisschen ernster zu nehmen. Es geht hier schließlich um Menschen und ihre Geschichten, ihre Lebensgrundlage, ihr Handwerk. Wie über diese Pflanze geschrieben wird und wie sie in unserer Gesellschaft eingeschätzt wird, ist also wichtig.

Um meine persönliche Recherche zu unterfüttern, bestellte ich mir alle Bücher über Cannabis, die je erschienen sind. Schnell wurde deutlich, dass sich diese Bücher in ers-

ter Linie an Leute richten, die indoor anbauen. Sie ähneln eher Handbüchern für Elektriker als Gartenratgebern. Falls der Anbau unter freiem Himmel darin überhaupt erwähnt wird, dreht es sich meist um Sicherheitsfragen – welche Hunderasse am lautesten bellt, mit welchem Tape man seine Schuhsohlen am besten abklebt, um keine Fußspuren zu hinterlassen, und welcher Zaun den besten Blickschutz bietet. Obwohl mir inzwischen klar geworden ist, dass solche Sicherheitsbedenken für heimliche Züchter sehr wichtig sind – mich persönlich gingen sie nichts an.

Ich wollte bloß ein paar Pflanzen in meinem Garten anbauen. Weil ich konnte. Leicht verständliche Informationen ohne allzu viel Fachjargon gab es kaum. Dieses Buch schreibe ich daher für alle, die mit dem Gedanken spielen, ganz entspannt ein paar Cannabispflanzen unter freiem Himmel zu ziehen. In meinen Artikeln für den **Chronicle** konnte ich nicht mal einen Bruchteil dessen unterbringen, was ich über den Cannabisanbau gelernt habe, und so blieb ich mit dem Gefühl zurück, dass ich noch viel mehr nützliches Wissen auf Lager hatte; vor allem meine genauen Kenntnisse über die einzelnen Schritte des Anbauprozesses, von der Sortenauswahl bis zum fertigen Produkt, wollte ich weitergeben. Und mir lag daran, einige der Grower vorzustellen, die meine Wertschätzung für diese alte Kulturpflanze vertieft haben und deren Geschichten beweisen, dass es *den* typischen Cannabisfan nicht gibt. Ich weiß, dass viele Leute nach Informationen lechzen, und dieses Buch liefert sie in allen Einzelheiten, ergänzt durch superschöne Fotos von Gärten und Grün. Mir geht es nicht darum, die Erntemenge zu maximieren. Ich kaufe keine teuren Lampen oder geruchsneutralisierende Filter. Ganz bestimmt kaufe ich keinen Chemiedünger, das habe ich noch nie getan (außer für Zimmerpflanzen, da benutze ich zugegebenermaßen einen). Ich beschreibe hier die einfachsten und besten Anbaumethoden und Tricks, die möglichst wenig Zubehör erfordern.

Die Sache mit dem Cannabisanbau ist die: Wenn man von einem eingefleischten Kiffer lernt, gewöhnt man sich mit der Zeit eine seltsame Sprache an. Das Verbot hat die Züchter und Anbauer in den Untergrund gezwungen – und in die Innenräume. Man hört von *feminisierten Samen* oder *vegetativen Phasen*. Dieser Jargon macht die Sache a) unnötig kompliziert und lässt sich b) nicht auf andere Pflanzen übertragen, die man vielleicht auch einmal anbauen möchte. (Über *feminisierte Samen* reden wir später und statt *vegetative Phase* könnte man auch einfach nur „Wachstumsphase" sagen.)

Hanf ist anders als alles, was ich je selbst gezogen habe. Nicht, weil der Anbau besonders schwierig ist, sondern weil er so viel Spaß macht – Hanf riecht einfach traumhaft, ist wahnsinnig klebrig und als Pflanze ganz unkompliziert. Achtung, Spoilerwarnung: Cannabis wächst praktisch wie Unkraut. Nicht umsonst sagt man *Weed* oder *Gras* dazu …

Ich bin weder Perfektionistin noch ein Kontrollfreak. Ich finde, dass Gärtnern – ob nun das Ziehen von Cannabis, Basilikum, Tomaten oder Pfingstrosen – das Leben schöner machen sollte, nicht stressiger. Deshalb gebe ich euch in diesem Buch ein paar Tipps, damit ihr erfolgreich anbauen und gleichzeitig bei der Gartenarbeit entspannen könnt. Mein Chef bei meinem allerersten Job auf einem Bauernhof hat immer zu mir gesagt: „Pflanzen *wollen* wachsen." Habt also Vertrauen. Ihr schafft das.

Cannabisblätter sehen äußerst attraktiv aus – das ist nicht zu leugnen.

Dieses Projekt hat mich in einem Moment, als ich nicht wusste, wie es weitergehen soll, praktisch neu zum Leben erweckt. Genau wie meine Fotografin Rachel Weill war ich von Anfang an mit Herzblut bei der Sache. Eine kluge Frau hat mir einmal gesagt, dass man es einem Buch anmerkt, ob es mit Freude geschrieben wurde oder nicht. Ich hoffe daher, dass ihr beim Lesen und Nachschlagen genauso viel Spaß haben werdet wie wir beim Schreiben und Fotografieren.

Holen wir Cannabis aus der Dunkelheit heraus und bringen es ans Licht – am besten ans natürliche Licht der Sonne. Viel Vergnügen!

*Nächste Seiten*
Mit viel Sonne werden die Cannabisbabys schnell groß.

# Warum Gras anbauen?



Der naheliegende Grund, im eigenen Garten Gras anzubauen, wäre natürlich, dass man gerne high sein möchte. Und wenn ihr absolut keine Kiffer seid, es aber aus irgendwelchen Gründen trotzdem zu gern mal versuchen würdet?

Dann seid ihr nicht allein. Ihr wärt erstaunt, wie viele Leute Cannabis anbauen, ohne es selbst zu konsumieren – vielleicht weil sie Gartenfreaks sind oder weil sie ihre Ernte verschenken möchten.

Manche Cannabisanbauer rühren ihr Produkt niemals selbst an, sondern haben den Betrieb ganz einfach geerbt und finanzieren damit ihren Lebensunterhalt. Natürlich kenne ich auch jede Menge Leute, die Cannabis für den Eigengebrauch anbauen. Aber auch dafür sind die Gründe sehr unterschiedlich: Manche behandeln chronische Schmerzen damit, andere regen die

Die dichten weiblichen Blütenstände bilden sich nach der Sommersonnenwende. Beim Cannabisanbau werden die unbestäubten weiblichen Blüten geerntet.

Kreativität damit an, und wieder andere nehmen zur Entspannung lieber ein paar tiefe Züge als ein paar Drinks.

Unter freiem Himmel und in voller Sonne – das ist der Platz, den die Natur für den Hanf vorgesehen hat. In diesem Garten steht eine Cannabispflanze zwischen einem dunkelroten Perückenstrauch, lila blühendem mexikanischen Buschsalbei und gelb leuchtendem Mädchenauge.

Wenn ihr selbst Konsumenten seid, egal ob passionierte oder sporadische, gibt es gute Gründe, das Gras selbst anzubauen. Wie ihr von Bauernmärkten oder eurem Tomatenbeet im Garten wisst, könnt ihr bei eigenem Anbau die Lieblingssorte auswählen, sie genau im richtigen Moment ernten, Erde und Düngung selbst bestimmen und, im Falle von Cannabis, auch noch jede Menge Geld sparen.

Vor der Legalisierung hatte man nur die Wahl, entweder drinnen anzubauen oder draußen große Risiken einzugehen. Der Anbau im Haus verlangt viel Hingabe und Präzision. Licht, Ventilatoren und chemische Hilfsmittel sind für einen Indoor-„Garten" unerlässlich. Ich weiß nicht, wie es euch geht, doch ein paar von künstlichem Licht beschienene Pflanzen in einem Zelt haben für mich überhaupt nichts mit einem Garten zu tun. In einer Welt, in der das Verbot langsam, aber sicher der Vergangenheit angehören wird, ist der Indoor-Anbau nicht mehr nötig. Man kann seine Pflanzen draußen wachsen lassen – dort, wo Pflanzen wachsen wollen! Selbst gezogenes Cannabis muss kein teures Hobby mehr sein, das ein ganzes Zimmer im Haus in Beschlag nimmt und die Strom- und Wasserrechnungen in die Höhe treibt. Man kann dann auf die faule Art anbauen, indem man Sonne, Luft, Kompost und Tropfbewässerung die meiste Arbeit erledigen lässt.

Mal vom Konsum ganz abgesehen, ist es einfach ein Erlebnis, eine Pflanze zu kultivieren. Als Gärtnerin macht es mir Spaß, alle möglichen Nutzpflanzen zu ziehen, auch wenn sie mir nicht unbedingt schmecken. Ich mag zum Beispiel keine Auberginen, aber ich pflanze trotzdem jedes Jahr ein paar in den Garten, weil ich so gerne dabei zusehe, wie die Schale der prallen Früchte während der Reife immer glänzender wird. Und ich experimentiere sehr gern mit den vielen verschiedenen Sorten aus allen möglichen Ländern. Ich habe schon die langen dünnen violetten aus Japan angebaut, die hellgrünen, kleinen aus Thailand und die lila-weiß gesprenkelte, große alte Sorte aus Italien. Ganz unabhängig von der Ernte gibt es mir viel, mich um eine Pflanze zu kümmern und zuzuschauen, wie sie sich entwickelt und ihren Lebenszyklus durchläuft. Die Ernte schenke ich dann meinem Freund Ben zum Kochen.

Cannabis rangiert für mich in der gleichen Kategorie (obwohl ich dieser Ernte vielleicht doch etwas mehr abgewinnen kann als den Auberginen). Ich konsumiere ab und zu ein bisschen, aber viel stärker interessiert mich die Erfahrung des Anbaus an sich. Und Cannabis im Garten zu haben, ist irgendwie von größerer Bedeutung, als Auberginen oder Paprikaschoten zu ziehen. Cannabis gehört zu den ältesten Kulturpflanzen der Welt und wird seit Langem als Nahrungsmittel, wegen seiner Fasern, als Arzneimittel und als Droge gepriesen. Im letzten Jahrhundert allerdings ist die Pflanze bei uns extrem verteufelt worden.

Ihr Verbot in den Vereinigten Staaten begann als eine rassistische, angstgesteuerte Reaktion auf die Einwanderung entlang unserer südlichen Landesgrenze. In der zweiten Hälfte des 20. Jahrhundert führte der „War on Drugs", der Krieg gegen Drogen, in

Rosa Blüten? Wenn sie erst mal getrocknet sind, sehen sie alle gleich aus. Um die Schönheit der Pflanze beim Wachsen und Gedeihen zu erleben, muss man sie selbst anbauen.

## Ins Licht

Im Moment ist indoor gezüchtetes Gras teurer als Ware, die in der Sonne gewachsen ist. Natürlich ist es wesentlich kostspieliger, Cannabis drinnen anzubauen (wegen des ganzen Zubehörs und der hohen Energiekosten), aber auch die Konsumenten schätzen Indoor-Gras mehr als das vom Feld oder aus dem Garten. Sie nehmen an, es sei irgendwie von besserer Qualität als das unter freiem Himmel gewachsene. Meiner Meinung nach ist das total überholt, und ich freue mich darauf, dass sich der Trend mit der Zeit umkehrt. Mir geht es da so wie mit meinen Tomaten: Ich möchte etwas, das im Freien gereift ist, das Sonne getankt und die Nährstoffe der Erde aufgenommen hat. Ich finde, was draußen wächst, schmeckt besser, und ich bin sehr dafür, den ökologischen Fußabdruck landwirtschaftlicher Erzeugnisse zu reduzieren.

den USA zur höchsten Inhaftierungsrate der Welt. Es wurden dabei unverhältnismäßig viele Nicht-Weiße eingesperrt – eine Statistik, an der sich bis heute nichts geändert hat. Die US-Regierung hat Milliarden von Dollar verschwendet, um an der Ausmerzung einer Pflanze zu arbeiten, die noch nie jemanden getötet hat. Auch wenn die Legalisierung die Cannabis-Community vor immense ökonomische Herausforderungen stellt, ist sie doch ein Schritt in die richtige Richtung. Und deshalb empfinde ich es als einen geradezu *bedeutsamen* Schritt, Cannabis in den eigenen Garten aufzunehmen – um damit Solidarität zu zeigen und zur Normalisierung beizutragen. Ich züchte Hanf, weil ich es kann.

Ich hoffe zwar, mit diesem Buch dem Anbau das Geheimnisumwitterte zu nehmen, verbeuge mich aber zugleich tief vor dem geheimnisvollen Nimbus dieser Pflanze, deren Wesen wir noch nicht vollständig verstehen. Wir kratzen bisher nur an der Oberfläche ihres Potenzials als Heil- und Genussmittel, sei es zu medizinischen, spirituellen oder entspannenden Zwecken. Ich möchte an dieser Stelle all jenen danken, die für den Anbau einer Pflanze, die sie lieben, enorme Opfer gebracht haben. Cannabis im Garten anzupflanzen, gehört zu den ältesten Beschäftigungen der Menschheit überhaupt. Und jetzt, da die Legalisierungswelle durch unser Land rollt, lautet meine Antwort auf die Eingangsfrage dieses Kapitels schlicht und einfach: Warum nicht?

# Superkurzer geschichtlicher Abriss: *Cannabis geht um die Welt*

Kapitel 1

Das emblematische Hanfblatt: gezackte lanzettförmige Blatt-finger, die sich fächer-artig zu einem Blatt zusammensetzen, wie Botaniker es ausdrücken würden.

Menschen bauen Cannabis an, seit es Landwirtschaft gibt. Vor ungefähr zehntausend Jahren legte das schmelzende Eis der letzten Eiszeit an den Ufern reißender Flüsse fruchtbaren Boden frei. Das schuf neue Bedingungen, und die Menschen entwickelten Methoden, wie sie in der Nähe ihrer Siedlungen gezielt Nutzpflanzen anbauen konnten, statt nur vom Jagen und Sammeln zu leben. Als Saatgut nutzten sie die Samen von Pflanzen, die sie besonders mochten, und so entstand die Praxis der Selektion durch den Menschen, das Züchten. Die frühen Bauern konzentrierten sich auf Pflanzen, die hohe Erträge lieferten, vielseitig nutzbar und besonders nahrhaft waren. Dazu gehörten Weizen, Gerste, Linsen, Erbsen, Lein und ja – auch Cannabis. Tatsächlich verdichten sich die Hinweise, dass Hanf womöglich die erste Pflanze überhaupt war, die von Menschen kultiviert wurde. Der gezielte Pflanzenanbau führte zu Ernteüberschüssen, Handel, Bevölkerungswachstum, Wohlstand und Macht und legte den Grundstein für eine sesshafte Lebensform, die unser Dasein als Jäger und Sammler schließlich ablöste. Mit anderen Worten: Die Landwirtschaft markierte für die Menschheit einen bedeutenden

Wendepunkt, und Hanf spielte dabei eine zentrale Rolle.

Warum? Die Pflanze gedieh gut im offenen Gelände, in voller Sonne, auf fettem Boden – also genau in der Umgebung, wo die Jäger und Sammler gern ihre Lager aufschlugen. Außerdem waren alle Teile der Pflanze nutzbar. Der schnell wachsende Hanf lieferte starke Fasern, nahrhafte Samen, Medizin und Drogen.

Heute sind sich die Forscher einig, dass Cannabis aus Zentralasien stammt. Von dort trugen die Menschen die Samen in die Welt hinaus, und die Pflanze passte sich unter dem doppelten Druck der Auslese durch den Menschen und der wechselnden klimatischen Bedingungen an verschiedene Standorte an. Die ersten Stationen auf der weiten Reise des Hanfs lagen im Hindukusch-Gebirge, in Afghanistan und Teilen des indischen Subkontinents. Um 2000 vor unserer Zeitrechnung hatten die Menschen die Pflanze bereits bis nach Persien, Kleinasien und Europa gebracht. Und um 1500 unserer Zeitrechnung wuchs Cannabis auch in Afrika und Südostasien.

In den nördlichen Klimazonen Zentralasiens (vor allem auf der Gebirgskette des Hindukusch

in Afghanistan und Pakistan) waren die Pflanzen einem raueren Klima und kalten Wintern ausgesetzt. Sie reagierten darauf mit einem kleineren, buschigeren Wuchs. Die Blätter wurden breiter und dichter und wiesen oft violette Einfärbungen auf. Wir bezeichnen diese in nördlichen Regionen gedeihende Sorte von Pflanzen als *Indica*. Ihre Rauschwirkung wird als beruhigend und entspannend beschrieben.

Als der Hanf seine Reise in die Äquatorialregionen, etwa nach Thailand, Mexiko, Kolumbien, Peru und in Teile Afrikas, fortsetzte, schossen die Pflanzen in den milden, frostfreien Gebieten zunehmend in die Höhe. Die Stängel wurden länger und dünner und trugen schmale, längliche Blätter. Diese in den äquatorialen, wärmeren Regionen wachsenden Sorten nennen wir *Sativa*; die Highs, die sie bewirken, sind stimmungsaufhellend, anregend und gut für kreative Vorhaben.

Cannabis wurde so in vielen Winkeln der Erde heimisch. In manchen Gegenden nutzte man die Pflanze vor allem wegen ihrer psychoaktiven Inhaltsstoffe, in anderen als

Die schnell wachsende, vom Stängel bis zum Samen nutzbare Hanfpflanze wird von Menschen kultiviert, seit es Landwirtschaft gibt – manche behaupten sogar, schon seit es den Menschen gelang, das Feuer zu beherrschen.

# Namen sind mehr als Schall und Rauch: Fachjargon kurz und bündig erklärt

### *Cannabis*

Ist der lateinische Ausdruck für Hanf und bezieht sich auf die gesamte Pflanzengattung mit all ihren möglichen Verwendungen, von der Droge bis zur Faser. Viele Leute aus der Legalisierungsbewegung verwenden diesen Begriff gerne, denn er verleiht der Branche einen professionellen Touch. Ich persönlich finde ihn ehrlich gesagt ein bisschen steif.

### *Marihuana, Gras, Pot, Dope, Hanf*

Das ist nur eine kleine Auswahl von Slang-Bezeichnungen für Cannabisprodukte mit psychoaktiver Wirkung – also die, von denen man high wird.

### *Nutzhanf*

Nutzhanf bezeichnet Cannabissorten, die speziell zur Herstellung von Fasern für Seile, Papier und Textilien oder zur Gewinnung von Samen gezüchtet wurden. Diese Sorten bilden hohe, schmalblättrige Pflanzen aus, die nur wenig von dem Harz aufweisen, in dem die als Droge oder Arzneimittel genutzten Cannabinoide und Terpene (siehe Seite 41) enthalten sind. Nach den derzeit in den USA gültigen gesetzlichen Bestimmungen können als Nutzhanf (auf Englisch *hemp*) alle Cannabispflanzen bezeichnet werden, die bis zu 0,3 Prozent THC enthalten – THC ist das psychoaktiv wirksame Cannabinoid.

### *Zur Botanik*

Die Systematiker werden sich vielleicht nie einig werden, aber die Genetiker sagen: Es gibt nur eine einzige Cannabisspezies, nämlich *Cannabis sativa*. Wenn ich also zwischen Indica und Sativa unterscheide, dann meine ich damit lediglich bestimmte Sorten, die sich in unterschiedlichen klimatischen Bedingungen entwickelt haben und als Rauschmittel unterschiedlich wirken – ich spreche nicht von zwei verschiedenen Spezies.

### *„Strains“*

Obwohl es im Englischen üblich ist, die verschiedenen Cannabistypen als *strains* zu bezeichnen und diese Bezeichnung auch oft im deutschsprachigen Raum verwendet wird: Es ist nicht der korrekte Begriff. Der richtige Ausdruck für die vielen Marihuana-Sorten mit den verrückten Namen, die irgendjemand mal irgendwo gezüchtet hat, ist *Kultivar*. Kultivar bedeutet, dass eine Pflanze durch menschliches Eingreifen gekreuzt und in ihren Eigenschaften verbessert worden ist. Ein Kultivar kann ein Hybrid sein oder eine Wildpflanze, die domestiziert und veredelt wurde. In jedem Fall ist ein Kultivar durch menschliches Zutun entstanden. Der deutsche Begriff *Sorte* kann synonym dafür verwendet werden.

Ölsaat oder zur Fasergewinnung. Wir verwenden den Begriff *Landrasse* zur Bezeichnung dieser Cannabissorten, die sich im Laufe der Zeit an ihr jeweiliges ökologisches und kulturelles Umfeld angepasst haben. Für gärtnerisch Vorgebildete: Landrasse meint in etwa so etwas wie eine Alte Sorte, die aus einer bestimmten geografischen Region stammt.

Wenn wir uns nun langsam aus einer von Verbotspolitik und THC-Panik geprägten Ära herauswinden, könnten uns diese nuancenreichen Landrassensorten, bei deren Anbau komplexere Bedürfnisse im Vordergrund standen als der Wunsch nach einem starken

High, dabei helfen, die gesamte genetische Bandbreite von Cannabis kennenzulernen und zu nutzen. Wenn wir sie gezielt auswählen und kultivieren, können wir ihre bislang unbekannten Qualitäten entdecken und erschließen. Gleichzeitig besteht in bestimmten Regionen die Gefahr der Ausbeutung von Mensch und Umwelt, wenn wir dabei nicht umsichtig und verantwortungsvoll vorgehen.

Der Begriff *Nutzhanf* meint Cannabis-Sorten mit geringem THC-Gehalt, die traditionell zur Fasergewinnung angebaut wurden. Die Pflanzen zeigen den hohen, schlanken Wuchs der Sativa-Sorten. Der Anbau von Nutzhanf stellte zu Zeiten des Römischen Reichs eine wichtige Stütze des Imperiums dar. Die Pflanze lieferte das Material für die Segel und Seile der Schiffe, die auszogen, um ferne Länder zu kolonialisieren. Es ist wenig überraschend, dass auch in den neu eroberten Ländern der Hanfanbau bald Fuß fasste.

Als die ersten europäischen Siedler Amerika erreichten, kamen sie auf Segelschiffen, für deren Tauwerk Leinen aus Hanffasern verwendet wurden. Hanf war für die britische Marine so wichtig, dass man die Siedler dafür bezahlte, ihn anzubauen. Vor dem Bürgerkrieg wurde die Hanfproduktion im Süden der USA nur durch den Baumwollanbau übertrumpft. Frischgebackene Amerikaner benannten ihre Städte und Siedlungen nach der Hanfpflanze (die im Englischen „hemp" heißt), zum Beispiel Hempstead, New York oder Hempfield, Pennsylvania oder Hemphill, Kentucky oder Hemp, Georgia. Sowohl George Washington als auch Thomas Jefferson bauten Hanf in ihren Gärten an, und manche behaupten sogar, die Unabhängigkeitserklärung sei auf Hanfpapier geschrieben worden. Kurzum, Hanf war etwas durch und durch Amerikanisches.

Cannabis wurde auch damals schon als Medikament eingesetzt und 1851 in die USP, die United States Pharmacopeia, das offizielle Arzneibuch der Vereinigten Staaten, aufgenommen. Sorten mit niedrigem THC-Gehalt wurden zu Tinkturen (siehe Seite 222) verarbeitet und zur Behandlung von Leiden wie Tollwut, Lepra, Alkoholismus, Opiatabhängigkeit, Gicht, Geisteskrankheit und übermäßig starken Menstruationsblutungen verwendet.

Im frühen 20. Jahrhundert trugen dann mehrere Faktoren dazu bei, dass sich das Blatt wendete und Cannabis in Verruf geriet. Einige dieser Faktoren hatten mit Rassismus zu tun. Mexikanische Arbeiter, die auf der Suche nach einem besseren Leben über die Grenze kamen, brachten ihre Vorliebe für das Grasrauchen mit ins Land. Durch die Diffamierung von Marihuana versuchte man, dunkelhäutige Menschen, die bereit waren, für einen geringeren Lohn zu arbeiten als weiße Amerikaner, zu dämonisieren. Auch in afroamerikanischen Jazz-Zirkeln rauchte man schon bald gerne Gras, und so wurden mit dessen Verteufelung gleich beide Minderheiten angegriffen. Es entstand eine Kultur der Angst und Verachtung gegenüber dieser Pflanze. Zudem wurde von Seiten der Industrie Druck ausgeübt, als die Inhaber der petrochemischen Betriebe, die Kunststoffe und Papier herstellten, im Kongress gegen die Cannabisfarmer lobbyierten. Auch die Temperance-Bewegung stürzte sich nach dem Ende der Alkoholprohibition nur zu gerne auf Cannabis als ein neues Rauschmittel, gegen das sie ankämpfen konnte.

Andeutungen violetter Einfärbungen verraten den Einfluss von Indica-Sorten im Stammbaum dieser Pflanze.

Nordkalifornien ist das heutige Epizentrum der Cannabiszucht und des Anbaus. Hier wächst Cannabis inmitten von Tomaten, Zinnien, Dahlien und den langen Stängeln verblühter Stockrosen. Die Alpenglow-Farm im Süden von Humboldt County ist ein Vorreiter auf dem Gebiet des nachhaltigen Cannabisanbaus. Sie betreibt regenerative Landwirtschaft, ein Ansatz, bei dem es darum geht, die Pflanzenvielfalt zu erhöhen, den Mutterboden aufzubauen, Kohlenstoff zu binden und den lokalen Wasserkreislauf zu verbessern.

Gras im Garten

## Die große Debatte: Sativa oder Indica

Beim Durchblättern von Samenkatalogen stellt man fest, dass Cannabispflanzen in die Sorten Sativa, Indica oder Hybride aus beiden unterteilt sind. Meist findet man Angaben über die prozentuellen Anteile der beiden Sorten. Die sind im besten Fall stark vereinfacht, im schlimmsten Fall total ungenau.

Jahrzehntelange Kreuzungen haben fast jede Pflanze zu einer Mischung aus Sativa und Indica gemacht. Wuchshöhe oder Blattform sind kein verlässlicher Maßstab für die Bestimmung der Herkunft.

Zurzeit kann man *Sativa* und *Indica* bestenfalls als umgangssprachliche (also nicht botanische) Namen betrachten, mit denen man eher die zu erwartende Wirkung als biologische Unterschiede zwischen den Pflanzen beschreibt. Sativas sind stimmungsaufhellende und anregende Sorten, während Indicas eher beruhigend wirken.

Werden diese beiden Begriffe in näherer Zukunft verschwinden? Vermutlich nicht. Und es ist total okay, wenn ihr nach anregenden Sativa-Highs oder beruhigenden Indica-Highs fragt, aber ihr solltet wissen, dass die tatsächliche Wirkung einer Sorte höchstwahrscheinlich davon abhängt, wie ihre einzigartige Zusammensetzung von Cannabinoiden und Terpenen mit eurer eigenen persönlichen Biochemie interagiert. Mehr über den chemischen Aufbau von Cannabis steht auf den Seiten 41–45.

Zu Beginn der 1930er-Jahre wurde der Anbau und auch der Konsum von Cannabis in den USA praktisch verboten. Die Hanfindustrie war geschwächt, und der gesellschaftliche Mainstream mied die Pflanze.

Mit den 1960er-Jahren allerdings wurde Marihuana bei einer kleinen gesellschaftlichen Gruppe wieder populär, die den Anbau selbst in die Hand nahm. Junge Weiße, die auf dem „Hippie Trail" unterwegs waren, kehrten aus Marokko, der Türkei, Indien und Nepal zurück; im Gepäck hatten sie Erfahrungen mit fremden Cannabissorten – und auch die dazugehörigen Samen. Indica-Sorten tauchten auf – in Aussehen und Wirkung ganz anders als das Marihuana, das man bereits aus Mexiko kannte. In Nordkalifornien traf das ausländische Saatgut auf die Aussteigerbewegung, und so entstand dort das heutige Epizentrum des Anbaus hochwertiger Cannabiszüchtungen.

Jetzt, wo sich das Blatt erneut wendet, beginnen wir langsam, Cannabis und seine vielen Verwendungsmöglichkeiten zu schätzen, von Kosmetikprodukten über Schmerztherapie bis hin zum – ja – Rauschmittel. Das lange Verbot hat unermesslichen Schaden angerichtet, besonders was die Strafmaßnahmen angeht: Eine unverhältnismäßig große Anzahl nicht-weißer Menschen wurde wegen gewaltloser Drogendelikte inhaftiert. Und es hat dazu geführt, dass wir hier eine landwirtschaftliche Nutzpflanze haben, die allen anderen Nutzpflanzen im Hinblick auf moderne Züchtung und Forschung um achtzig Jahre hinterherhinkt. Unsere Beziehung zu Cannabis ist zwar nicht neu, aber in vielerlei Hinsicht fängt sie gerade erst an.

Sativa-Sorten suchen förmlich den Sonnenschein. Sie werden sehr hoch und haben schmalere Blätter. Ihre Wirkung ist stimmungsaufhellend, anregend und „kopfig".

# *Die* Pflanze

Kapitel 2

Cannabis sieht anders aus als alles, was ihr je angebaut habt, weil es anders ist.

**Falls ihr noch nie gegärtnert habt, ist Cannabis für euch der ideale Einstieg in den Nutzpflanzenanbau. Es wächst ungeheuer schnell, das heißt, ihr werdet rasch mit einem sichtbaren Erfolg belohnt. Die Blätter – mittlerweile weltweit bekannte Embleme – bestechen in der Wachstumsphase mit dichtem Wuchs und sattem Grün. Zur Blütezeit verwandelt sich das buschige Blattwerk in hochgewachsene Stängel mit engstehenden Knospenbüscheln, die mit jedem Tag klebriger werden und stärker duften. Kurz vor der Ernte wirkt die Pflanze leicht spinnenhaft und eher skurril als schön. Die Blätter, der Geruch, die klebrigen Blüten – all das ist einzigartig, anders als alles, was ich je angepflanzt habe, und schon deshalb lohnt sich der Blick auf den Aufbau und die chemische Zusammensetzung dieser Pflanze.**

## Aufbau

### *Blüten*

Die weiblichen Blüten, auch *Colas* genannt, sind der Pflanzenteil, der letztendlich geerntet, getrocknet, geraucht oder auf andere Weise konsumiert wird. Die dicken Blütenbüschel enthalten die höchste Konzentration von Cannabinoiden und Terpenen (siehe Seite 41). Diese befinden sich in kristallähnlichen kleinen Harzdrüsen, den Trichomen. Trichome kommen in allen Teilen der Blüte vor, in den Kelchen (in denen sich die Fortpflanzungsorgane befinden), den Stempeln (winzige Härchen, die sich aufrichten, um Pollen von männlichen Pflanzen aus der Umgebung aufzufangen) und den Zuckerblättern. Wegen ihrer geringeren Trichom-Dichte werden die Zucker-

Der Aufbau einer weiblichen Cannabispflanze.

blätter nach der Ernte weggeschnitten, oft wird dieser Verschnitt (*Trim*) aber aufbewahrt und für Tinkturen und andere Extrakte (siehe Seite 222) verwendet.

Auf die männlichen Pflanzen und den Grund, warum ihr die vermutlich lieber nicht in eurem Garten haben möchtet, kommen wir im nächsten Kapitel zu sprechen.

### *Fächerblätter*

Die großen Fächerblätter setzen direkt am Stängel an und leisten den Hauptteil der Atmungsarbeit der Pflanze. Sie sind die klassischen, weltweit bekannten Marihuana-Blätter, und ich muss sagen, an der heranwachsenden Pflanze sehen sie verdammt gut aus! Fächerblätter enthalten zwar ein paar Trichome, aber viel weniger als die Blüten, sie werden also nicht abgeerntet.

### *Stängel und Zweige*

Stängel und Zweige sind die Leitungen, durch die eine Pflanze in der Wachstumsphase mit lebenswichtigen Nährstoffen versorgt wird. Gleichzeitig tragen und versorgen sie die Colas, und verschiedene Schnittmaßnahmen können eine stärkere oder schwächere Verzweigung und Blütenbildung fördern.

Cannabisblüten nach dem Trocknen und Curen.

# Chemische Zusammensetzung

Tomaten werden wegen ihrer Früchte angebaut, Basilikum wegen seiner Blätter und Cannabis wegen seiner chemischen Inhaltsstoffe. Folgende Stoffe machen diese Pflanze für viele Menschen so attraktiv:

## *Cannabinoide*

Cannabinoide sind die chemischen Stoffe, von denen man high wird, aber sie haben auch viele andere, nicht psychoaktive Wirkungen. Zum Beispiel wirken sie entzündungshemmend und appetitanregend. Ich bin sicher, dass ihr vor allem von einem Cannabinoid, dem THC (Tetrahydrocannabinol), schon einmal gehört habt, denn das ist für die Rauschwirkung von Gras verantwortlich. Sicherlich kennt ihr auch das CBD (Cannabidiol) – das sogar bei Kindern gegen Krampfanfälle eingesetzt wird, ohne psychoaktive Nebenwirkungen zu entfalten (siehe Seite 42). Forscher haben allerdings mehr als einhundert verschiedene Cannabinoide in Marihuana identifiziert. Manche davon wirken psychoaktiv, manche nicht. Manche kommen in unbehandelten Cannabispflanzen vor, während andere erst nach dem *Decarboxylieren* (dem Erhitzen, um ein Kohlendioxidmolekül abzuspalten) ihren Zauber entfalten und den gewünschten Effekt erzielen.

Wir haben überall im Körper Cannabinoid-Rezeptoren. Sie sind Teil des sogenannten Endocannabinoid-Systems. Man hat herausgefunden, dass alle Tiere auf der Erde, abgesehen von den Insekten, über ein Endocannabinoid-System verfügen. Bei uns Menschen spielt dieses System eine Schlüsselrolle bei der Regulierung des Appetits, der Fähigkeit zu vergessen (ein wenig beachteter Vorteil für unser Überleben), der Stressreduktion und den feinmotorischen Fähigkeiten. Wenn wir Cannabis rauchen oder zu uns nehmen, erreichen die Cannabinoide die endocannabinoiden Rezeptoren im Gehirn und Nervensystem und lösen dort unterschiedliche Reaktionen aus.

Wie Cannabis sich genau auf die Chemie in unserem Gehirn auswirkt, ist noch nicht hinreichend erforscht. Im Augenblick spricht die Wissenschaft vom „Entourage-Effekt" – man vermutet, dass unterschiedliche Cannabinoide und Terpene aufeinander einwirken und so durch verschiedene chemische Vorgänge im Körper hochdifferenzierte Erfahrungen erzeugt werden. Doch im Grunde bedeutet das nicht mehr, als dass wir nicht genau wissen, wie es funktioniert. Bisher kann die Wissenschaft einzelne Cannabinoide zwar reproduzieren, aber bei echten Blüten scheint das Ganze wesentlich mehr zu sein als nur die Summe seiner isolierbaren Teile.

## *Terpene*

Zum einzigartigen Profil einer Cannabispflanze trägt auch ihre Terpen-Zusammensetzung bei. Terpene sind chemische Verbindungen, die nicht nur in Cannabis vorkommen. Eigentlich sind es Aromamoleküle, die den Pflanzen ihren typischen Duft und Geschmack verleihen. Terpene findet man in allen möglichen Obstsorten, Kräutern und

# CBD
# Was genau ist das?

Wenn ihr in letzter Zeit nicht auf einem anderen Planeten gelebt habt, dann dürftet ihr von Cannabidiol, kurz CBD, schon einmal gehört haben. CBD kommt in Cannabis vor und ist ein Cannabinoid (siehe **Seite 41**) ohne berauschende Wirkung. Obwohl es über hundert verschiedene Cannabinoide gibt, sind THC und CBD die beiden bekanntesten. Von Ersterem wird man high, von Letzterem nicht. Heute kann man CBD in Öl, in Gummibärchen, Gesichtsmasken, Kaffee, Eiscreme, Augentropfen und Hunde-Leckerli finden. Seine Verfechter behaupten, es helfe gegen alles, von Akne über Angstzustände und Autoimmunerkrankungen bis hin zu Krebs. Alle Vorteile von Cannabis ohne das High? Kein Wunder, dass CBD vielen Neugierigen als eine attraktive Variante des Cannabiskonsums erscheint.

Diese Neugier und die Suche nach einem Allheilmittel für all unsere Beschwerden haben allerdings eine Kehrseite: zweifelhafte Qualität, unbewiesene Heilsversprechen, ein erschreckend wenig geregelter Markt und eine zugleich explosionsartig wachsende Industrie.

Das soll nicht heißen, dass CBD nicht großes medizinisches Potenzial besitzt. Das tut es auf jeden Fall. 2018 hat die Federal Drug Association, die amerikanische Zulassungsstelle für Medikamente, mit Epidiolex das erste CBD-Arzneimittel zugelassen. Es wird gegen Krampfanfälle durch zwei seltene Formen der Epilepsie bei Kindern eingesetzt. Und zurzeit werden Studien durchgeführt, um die Wirksamkeit von CBD bei der Behandlung von posttraumatischen

Belastungsstörungen, Schizophrenie und chronischen Schmerzen zu prüfen. Der Stoff wird auf seine antioxidativen, entzündungshemmenden, krampflösenden, antidepressiven, antipsychotischen, tumorhemmenden und neuroprotektiven Eigenschaften getestet.

CBD ist äußerst vielversprechend. Und bestimmt kennt jeder von euch auch ein paar Leute, die auf seine Wirksamkeit schwören, sei es nun gegen Ängste oder als Einschlafhilfe.

Allerdings gibt es dabei im Moment noch weit mehr Unbekannte als Bekannte, und das wird beim Blick auf das mittlerweile riesige frei verkäufliche Angebot an CBD-Produkten, die therapeutische Wirkungen versprechen, deren Herstellung und Vertrieb aber kaum reguliert ist, besonders deutlich. Neuere Untersuchungen haben ergeben, dass bei der *Mehrheit* der CBD-Produkte die Auflistung der Inhaltsstoffe ungenau ist. Manche enthalten nur Spuren der Cannabinoide, deren Wirkung sie anpreisen, und in anderen wurde THC nachgewiesen, obwohl der Hersteller behauptete, es sei keins drin. Und das kann bei jemandem, der nicht damit rechnet, durchaus zu einer unerwünschten Nebenwirkung führen.

Die Anfangsdosierung ist ein Ratespiel. Hier schießt fast jeder, der diesbezügliche Empfehlungen gibt, aus der Hüfte. Mein Mann schwört als wirksamen Ersatz für Xanax auf Sublingualtabletten (die man unter die Zunge legt) mit 3 Milligramm CBD, während die bei mir überhaupt keine spürbare Wirkung haben. Die in klinischen Studien verwendeten Dosen gegen Angststörungen liegen bei mehreren hundert Milligramm und lassen vermuten, dass die Erfahrung meines Mannes eher auf den Placebo-Effekt zurückzuführen ist. (Ihn stört das nicht. „Der Placebo-Effekt ist wissenschaftlich anerkannt", sagt er.)

Gerade die enormen Schwankungen der kommerziellen Produkte hinsichtlich ihrer Qualität und Beschaffenheit ist ein Grund mehr, selbst eine CBD-reiche Cannabissorte anzubauen und auszutesten, welche therapeutischen Wirkungen sie entfaltet. Sorten mit hohem CBD-Anteil sind zum Beispiel ACDC, Canna-Tsu, Remedy CBD, Ringo's Gift und Sour Tsunami.

Nach der Ernte könnt ihr euer Produkt rauchen, eine Tinktur daraus herstellen (siehe Seite 222) oder es in Öl lösen. Weil es keine sichere, bezahlbare Möglichkeit gibt, zu Hause nur die CBD-Moleküle zu extrahieren, werdet ihr das CBD zwangsläufig zusammen mit anderen wirksamen Bestandteilen der Pflanze, inklusive THC, zu euch nehmen. Dessen Gehalt variiert von Sorte zu Sorte. Die Nutzung der „gesamten Blüte" ist kein Nachteil. Tatsächlich ist sie sogar empfehlenswert. Frühe Untersuchungen weisen auf einen „Entourage-Effekt" hin, das heißt, dass die Cannabinoide und Terpene, die in der Pflanze enthalten sind, sich gegenseitig verstärken und das Ganze viel mehr ist als die Summe seiner Teile. Diesen Effekt können klinische Studien eines einzelnen, isolierten Stoffes niemals widerspiegeln.

Bei amerikanischen Cannabiszüchtern gibt es den Ausdruck „breeder's nose", die „Züchternase". Er bezieht sich auf den dunkelbraunen, klebrigen Harzfleck, der sich an der Nasenspitze sammelt, wenn man seinen Rüssel nur oft genug in eine Cannabisblüte steckt. Das Phänomen ist unter Züchtern bestens bekannt, denn die Terpene, die Duftmoleküle, verleihen jeder Sorte ihr individuelles „gewisses Etwas". Ich bin zwar keine Züchterin, hole mir aber regelmäßig eine braune Nase, wenn ich lange genug im Garten bleibe. Für mich sind die Düfte das Beste am Cannabisanbau.

anderen Pflanzen; man nimmt an, dass sie diese Terpene produzieren, um Schädlinge abzuwehren. Wenn sie von Menschen gegessen oder anderweitig verwendet werden, haben Terpene eine ganze Menge therapeutischer Wirkungen, die von entzündungshemmenden bis zu beruhigenden Eigenschaften reichen. Üblicherweise hat jede Pflanzenart ein relativ enges Terpen-Profil. Nehmen wir Zitrusfrüchte: Eine Orange riecht süßlicher als eine Zitrone, aber beide duften überwiegend nach Zitrus. Das Gleiche gilt für Rosensorten, Nadelhölzer, praktisch alle duftenden Pflanzen.

Das Coole an Cannabis ist, dass es nach Stand der Forschung über zweihundert verschiedene bekannte Terpene enthält und alle möglichen Gerüche liefern kann: nach Gas, nach Holz, nach Zitrus, fruchtig, blumig oder würzig. Doch ehe ihr euch jetzt auf die Suche nach Gras mit Erdbeerduft macht, sei noch gesagt: Für mich riecht jede Sorte immer nach einem Amalgam aus Terpenen plus Grasduft. Gras riecht immer irgendwie nach Gras.

Wenn ihr so tickt wie ich – eher Gärtnerin als Raucherin –, können die Terpene vielleicht das sein, was euch an der Pflanze überzeugt. Exakt so war es bei mir: Ich bin immer eine Armlänge auf Distanz geblieben und habe meine Leidenschaft für Cannabis erst kurz vor der Ernte entwickelt. Wenn die Blüten mit harzigen Terpenen überzogen sind, werden sie so wunderbar stinkig, dass es wirklich schwerfällt, sich von ihnen fernzuhalten.

# Die Sortenauswahl

Wenn ihr geübte Gärtner seid, dann habt ihr schon oft Saatgutkataloge aufgeschlagen und euch die Bilder von Pflanzen angesehen, die ihr vielleicht nächstes Jahr in eurem Garten haben möchtet. Die Beschreibungen steigern noch das Interesse, versprechen bestimmte Blüten, Düfte oder Wachstumseigenschaften. Und man kann sich immer auf solide Pflegeanleitungen verlassen – wann und wie man pflanzen sollte, welcher Standort am besten geeignet ist plus genaue Angaben über Wuchshöhe und Platzbedarf. Aber auch wenn ihr das noch nie erlebt habt, fällt es euch sicher nicht schwer, euch vorzustellen, wie viel Spaß es machen kann, sich die Farben, Düfte und Geschmäcker so lebhaft auszumalen, dass einem schon beim Gedanken daran das Wasser im Mund zusammenläuft.

Bei Cannabis funktioniert die Samenauswahl ganz anders. Es gibt schlicht und einfach keine Samenpäckchen mit zwanzig Zeilen Anleitung hinten drauf. Kataloge mit nützlichen Pflegehinweisen existieren nicht. Und Fotos der Pflanze im Wachstum kann man sowieso vergessen. Wenn es doch welche gibt, sind es Nahaufnahmen der Blüten, höchstwahrscheinlich in Innenräumen aufgenommen. Falls Informationen geliefert werden, dann über die Eigenschaften des zu erwartenden Highs. Und macht euch darauf gefasst: Es gibt Tausende von Cannabissorten. Es ist in einer Art und Weise entmutigend, dass es schon fast nicht mehr lustig ist – vor allem wenn man guten Rat braucht, aber nirgends welchen bekommt.

Woher kommt dieser Unterschied zu anderen Nutzpflanzen? Fast alles andere, was man im Garten so anpflanzen kann, hat ein modernes Zuchtprogramm durchlaufen. Dazu gehört auch die Selektion von Sorten mit besonders erwünschten Eigenschaften. Die Folge davon ist oft eine verringerte Auswahl. Wegen des lang anhaltenden Verbots ist Cannabis diesem Schicksal bisher entgangen und wurde ausschließlich in Kellern gezüchtet. Eigentlich ist Cannabis so etwas wie die ultimative durch Crowdsourcing weiterentwickelte Nutzpflanze.

Leider wurde beim Züchten im Untergrund letztendlich nur ein Ziel verfolgt: die Maximierung des THC-Gehalts der Pflanzen. Das heißt, es wurden vorwiegend Sorten mit möglichst starker Rauschwirkung gezüchtet. Was es über die verfügbaren Cannabissorten für euren Garten zu lesen gibt, bietet kaum mehr als Informationen über die vermutlichen Charakteristika des Highs, das die Pflanzen hervorrufen. Für Gärtner bedeutet das, dass Informationen über andere Details wie die Wuchshöhe oder den bevorzugten Standort der Pflanzen praktisch nicht verfügbar sind. Diese Fakten wurden einfach nicht genauer untersucht oder archiviert.

Das wird sich hoffentlich ändern. Man muss sich nur daran erinnern, dass die Leute zu Zeiten der Alkoholprohibition auch schwarzgebrannten Fusel bevorzugten. Der war leicht zu beschaffen und machte ordentlich betrunken. Heute laufen wir nicht mehr Gefahr, uns beim Alkoholtrinken strafbar zu machen, und so können wir ganz ungeniert beim Picknick in der Sonne ein Glas Pinot Grigio genießen.

Immens hohe THC-Werte sind wirklich nur die Spitze des Eisbergs, wenn es um das Potenzial von Marihuana geht. Wir beginnen gerade erst damit, Cannabissorten zu züchten, bei denen es auf ihre therapeutische Wirkungen ankommt. Ich persönlich wünsche mir wesentlich mehr hübsche Gartenvarianten, zum Beispiel besonders kompakte Pflanzen mit Blättern in unterschiedlichsten Formen und Farbtönen. Außerdem gibt es im Hinblick auf die Schädlings- und Krankheitsresistenz noch viel Luft nach oben. Und hoffentlich bekommen wir mit besser dokumentierten Züchtungen dann auch genauere Beschreibungen, was den Anbau angeht.

### *Das Klima als Auswahlkriterium?*

Klimatisch gesehen macht es in einer moderaten Klimazone wie in Kalifornien mehr Sinn, Sativas anzubauen, denn diese stammen aus den Tropen, sind also an wärmeres Klima mit längeren Vegetationsphasen gewöhnt. Diese Sorten können ihre ausgedehnte Blütezeit dann in Ruhe beenden und haben ein ausreichendes Zeitfenster für die Reife zur Verfügung, ohne von Frost bedroht zu sein. Für Regionen mit kürzeren Sommern eigenen sich eher Indicas, die besser an höhere Lagen und kältere Klimazonen gewöhnt sind. Aber wie schon auf Seite 33 erwähnt, hat die ungezügelte Hybridisierung dazu geführt, dass eine präzise Unterscheidung von Sativas oder Indicas praktisch unmöglich geworden ist. Welche Sorte ihr auch auswählt – die Pflanze wird wahrscheinlich eine Mischung aus beiden sein, was ehrlich gesagt super ist. So bekommt man das Beste aus beiden Welten und muss sich keine allzu großen Sorgen machen.

### *Das versprochene High als Auswahlkriterium?*

Wenn man sich bei den Pflanzeneigenschaften schon nicht auf die Unterscheidung von Indica und Sativa verlassen kann, wie steht es dann mit den Unterschieden beim Rausch? Könnt ihr euch da auf die Angaben verlassen? Ein bisschen schon. Sativas wirken im Allgemeinen aktivierend, während Indicas eher beruhigen. Doch auch hier muss man vorsichtig sein: Kreuzungen machen diese Zuschreibungen ungenau. Auf die angeführten Prozentangaben der Indica- und Sativa-Anteile solltet ihr euch niemals verlassen. Die sind meist frei erfunden. Habt auch im Hinterkopf, dass jeder Rausch durch eine noch nicht restlos erforschte Interaktion des eigenen Körpers mit den Cannabinoiden und Terpenen zustande kommt – dabei spielt nicht nur die Menge des THC eine Rolle. Ich warne euch auch davor, zu viel auf die Beschreibungen der zu erwartenden Highs zu geben. Die sind oft haarsträubend und werden meiner Meinung nach von Leuten verfasst, die gerade total bekifft sind. Mein Lieblingstext bisher war: „Riecht wie Omas Wohnung und macht dich trotzdem unfassbar geil". Wie kann man so ein Ergebnis ernsthaft in Aussicht stellen? Highs sind immer subjektiv und hängen von der individuellen Gehirnchemie ab. Bei mir persönlich zum Beispiel wirkt jede Menge THC aktivierend, egal wie sehr man mir verspricht, dass ein bestimmtes Gras mich praktisch ans Sofa fesseln wird. Ich reagiere auf Marihuana so ziemlich immer gleich: Ich kriege Lust, alle meine Schränke aufzuräumen. Und dabei zu tanzen.

### *Der Nase trauen*

Solange man Cannabis nicht wegen seiner ästhetischen Qualitäten züchtet (die mir persönlich viel wichtiger sind als das High), empfehle ich, die Auswahl nach dem Duft der Knospen zu treffen. Mich als Nicht-Kifferin machen die Terpene, die ätherischen Öle der Cannabispflanze, am meisten an. Ihr könnt beim Anpflanzen von Gras so ähnlich vorgehen wie beim Auswählen verschiedener Minzsorten oder Duftpelargonien: Welche neuen Düfte sollen durch meinen Garten wehen? Ich selbst bin ein Obstfan – Sorten, die Blaubeer-, Mango- oder Bananennoten versprechen, sind für mich verlockend. Ihr mögt vielleicht Noten von Nadelholz, Zitrus, Minze oder Benzin – sie alle finden sich unter den Terpen-Profilen verschiedener Sorten.

### *Farbliche Vielfalt pflanzen*

Achtet auf die Namen, um herauszufinden, welche Sorten ganz besondere Färbungen aufweisen. Alle Cannabispflanzen fangen grün an. Erst mit der Blüte beginnt der Spaß am Farbenspiel. Manchmal zeigt sich die Farbe zu Beginn der Blüte, wenn die Pflanzen leuchtende Stempel entwickeln, die wie kleine rosafarbene oder lindgrüne Kugeln aussehen. Diese Farbe bleibt dann monatelang erhalten, bis die Pflanzen braun werden – ein Zeichen der Reife (siehe Seite 175). Wenn die Blüten größer werden, bekommt die Pflanze durch die farbenfrohen Stempel einen noch stärkeren Einschlag ins Pinke, Violette oder Lindgrüne. Bei manchen Sorten verfärben sich zum Ende des Sommers auch die Blätter; manche sehen dann so aus wie ein Baum, der im Herbst die Farbe wechselt;

*Nächste Seiten*
Pink Lotus und Remedy CBD sind zwei Kultivare mit auffälligen Blütenstempeln, die sich in Rosa beziehungsweise Weiß vom Blattgrün abheben, wenn die Blütezeit beginnt.

die Blätter nehmen dunkelrote, orange oder tiefviolette Töne an. Abgesehen von den Farbhinweisen im Namen muss hier erwähnt werden, dass die Pflanzen einen gewissen Anteil an Indica-Erbgut haben müssen, um solche herbstlichen Effekte hervorzubringen. Indicas weisen außerdem mehr Lilatönungen auf als Sativas.

Viele Cannabissorten verändern im Herbst, wenn ihr Lebenszyklus langsam zu Ende geht, ihre Farbe.

Vergesst nicht, dass so ähnlich wie bei violetten Bohnen, die sich beim Kochen grün verfärben, der Spaß vor allem im Garten stattfindet, während die Pflanze wächst und gedeiht. Auch rosafarbene oder lindgrüne Stempel werden irgendwann gelb und trocken; hübsch verfärbte Blätter fallen ab oder werden weggeschnitten. Die fertigen, getrockneten Cannabisblüten erinnern farblich immer irgendwie an einen kleinen Hundehaufen, ganz egal, wie prächtig sie im Garten ausgesehen haben. Der Anblick der schönen Farben ist ein weiterer guter Grund, Cannabis selbst anzubauen: Dann kann man den ganzen Lebenszyklus der Pflanze im eigenen Garten miterleben.

### *Nach Namen beurteilen*

Ihr habt meine uneingeschränkte Zustimmung, wenn ihr die Sorten am liebsten nach dem Klang ihrer Namen auswählt. Als Biogärtnerin finde ich den Gedanken, Sorten wie Chem Dog oder Chernobyl anzubauen, eher abstoßend, aber hey – soll doch jeder machen, was er will. Es gibt auch witzige Namen, die besonders gartenfreundlich klingen: Dirty Girl, Mango Tree, Tangerine Dream. Die gehören in den Garten. Stimmt's?

### *Einen Klassiker ausprobieren …*

Es gibt bestimmte Kultivare, die ihr vielleicht aus Filmen des Comedy-Duos Cheech & Chong kennt, oder aus den Büchern von Hunter S. Thompson, oder vom älteren Bruder, dem Kiffer: Acapulco Gold, Northern Lights, OG Kush, Pineapple Express, Sour Diesel oder White Widow fallen mir da ein.

### *… sich dabei über die genetische Unverlässlichkeit im Klaren sein …*

Die Sache mit den Kult-Klassikern ist allerdings die: Zum jetzigen Zeitpunkt in der Geschichte des Cannabis besteht wenig bis gar keine Verlässlichkeit, was die Sortennamen angeht. Die lineare Abstammung der Pflanzen ist eher Legende als Fakt. Und die Namen? Bedeuten so gut wie nichts. Das heißt, ein Händler verkauft OG-Kush-Samen, aus denen völlig andere Pflanzen heranwachsen als aus der gleichnamigen Sorte eines anderen Händlers. Das Gleiche gilt auch für die Blüten, die man in den Shops kaufen kann. Das ist alles ganz schön verrückt – man muss sich nur mal vorstellen, in zwei verschiedenen Läden Äpfel der Sorte Fuji zu kaufen, die dann vollkommen verschieden schmecken … Undenkbar! Aber bei Cannabis sind wir noch nicht so weit. Wir kommen gerade aus dem Schatten der Keller heraus, wo beim Züchten wenig Übersicht und Einheitlichkeit herrschte. Jetzt, da eine genotypische Zuordnung möglich ist, entwickelt sich eine wesentlich besser organisierte Branche, in der es künftig auch sortenfestes Saatgut geben kann. Diese einheitliche Zuordnung ermöglicht zugleich ein geistiges Eigentumsrecht an Cannabiszüchtungen; ob das nun gut oder schlecht ist, sei dahingestellt.

*... und die Auswirkungen von Terroir und phänotypischen Unterschieden bedenken*
Zwei Pflanzen mit exakt den gleichen Erbanlagen können trotzdem unterschiedliche Cannabinoid- und Terpen-Profile ausbilden, je nach dem *Terroir* (Fachsprech für die speziellen Boden- und Klimabedingungen) ihres Anbaugebiets. Die Farmer in den Countys des berühmten *Emerald Triangle* in Kalifornien (Mendocino, Humboldt und Trinity) versuchen sogar, geschützte Herkunftsbezeichnungen festzulegen. Ähnlich wie die Weinbauern von Bordeaux, Champagne, Chianti und Napa sind die Cannabisbauern vom

Wie der Name schon sagt, brilliert die Sorte Amethyst kurz vor der Ernte mit ihrer dunkelvioletten Blattfärbung.

Einfluss des *Terroir* auf ihre Ernten so überzeugt, dass sie eine Zertifizierung anstreben. Selbst unter annähernd gleichen Bedingungen und bei gleichen Erbanlagen entwickeln Cannabispflanzen oft *phänotypische Variationen*, was Größe, Farbe und Wachstum angeht. Das liegt daran, dass selbst ein *Genotyp*, ein genetischer Code, nicht in Stein gemeißelt ist. Genau wie beim Menschen lässt er auch bei Pflanzen eine gewisse Bandbreite an Möglichkeiten zu. Die Umgebung – Wasser, Licht, Boden, Schädlinge – aktiviert bestimmte Teile des genetischen Codes und führt zu einem jeweils einzigartigen *Phänotyp* mit einem entsprechenden Erscheinungsbild.

### *Oder einfach ganz locker bleiben*

Ihr seid am Experimentieren, genau wie alle anderen. Gebt nicht allzu viel auf die Angaben der Saatguthändler wie „für Anfänger" oder „für Fortgeschrittene", „besser für drinnen" oder „nur für draußen geeignet". Wir stehen noch am Anfang verlässlicher Anbau- und Pflegehinweise. Wir befinden uns sozusagen mitten im Wilden Westen. Macht einfach die Augen zu und tippt im Growshop mit dem Finger auf irgendeine Stelle der Liste mit den verfügbaren Sorten. Zieht aus den Ergebnissen der ersten Saison eure Schlüsse, in der nächsten kennt ihr euch schon viel besser aus. Falls etwas schiefgeht, einfach dem Wetter die Schuld geben und es noch einmal versuchen. So mache ich es immer. Übrigens ist genau das die eigentliche Definition des Gärtnerns: Alles umbringen und es *dann noch einmal versuchen*.

# Porträts *von* Anbauern

Kapitel 3

Auf seiner Farm Huckleberry Hill im Süden von Humboldt County zieht Johnny Casali Cannabis in Hochbeeten. Die Pflanzen stehen zwischen Sommergemüsen, zum Beispiel Stangenbohnen und Kürbis, Kräutern, wie Basilikum oder Koriander, und Blumen – hier Tagetes und Petunien.

*Ich möchte euch jetzt ein paar erfahrene Cannabisfarmer und -gärtner vorstellen. Anders als man vielleicht annimmt, sind es bei Weitem nicht nur typische Kiffer, die ihr Cannabis selbst anbauen. Die hier Porträtierten unterscheiden sich sehr in ihren Methoden und ihrer Motivation, aber sie alle sind leuchtende Beispiele für einen erfolgreichen Cannabisanbau im eigenen Garten.*

# Der Anbauer in zweiter Generation

Johnny Casali hat das Handwerk des Cannabisanbaus von seiner Mutter gelernt. Sie zog Anfang der 1970er-Jahre, als er fünf Jahre alt war, mit ihm von Sonoma County ins südliche Humboldt County. Johnny sollte in einer ländlichen Umgebung aufwachsen.

Johnnys Mutter baute Gras an, weil das alle machten. Es war ein Zusatzverdienst. Auf dem Land gab es nicht viele Jobs, also musste man sich, so gut es ging, behelfen. Im Winter schlugen die Leute Feuerholz. Im Sommer gingen sie fischen. Und im Herbst ernteten sie den Hanf. Nicht, um damit reich zu werden; nur, um zu überleben. Als Kind und Jugendlicher war Cannabis für Johnny so ungefähr das Gleiche wie Zucchini – einfach eine von den Pflanzen in Moms Garten.

Johnny wuchs in der Hochphase des amerikanischen „War on Drugs" auf. Im Alter von 24 Jahren wurde er, ohne jede Vorstrafe, wegen des Anbaus von 1500 Marihuana-Pflanzen verhaftet. Dreißig Bundespolizisten standen plötzlich vor seiner Tür und richteten ihre Waffen auf ihn. Er wurde wegen zweier Straftatbestände verurteilt und saß fast acht Jahre im Gefängnis.

Danach baute er weiter Cannabis an, denn das war nun mal das Leben, das er kannte. 2008, nach dem Ende seiner Bewährungszeit, traute sich Johnny, eine Anbauerlizenz zu beantragen, und 2016 war Huckleberry Hill

*Links*
Johnny Casali kennt nur ein Leben – das eines Cannabisfarmers. Auf seiner Farm, wo er aufwuchs und bis heute lebt, ist ihm Schönheit genauso wichtig wie die Qualität seiner Pflanzen.

*Rechte Seite*
Angesichts der vielen blühenden Pflanzen und besonders bei alten Damen beliebten Sorten würde man nicht darauf kommen, dass diese Beete von einem großen kräftigen Cannabisfarmer angelegt wurden. Der Mann hat einfach ein Faible für farbenfrohe Blüten. Hier sehen wir die Hanfpflanzen in seiner Einfahrt, die zwischen Dahlien und Petunien stehen.

In einem anderen Gartenbereich gedeiht Cannabis in selbst gebauten, meterbreiten großen Pflanzkästen aus Redwood. Die Kästen sind unten offen, sodass die Wurzeln der Pflanzen in den Erdboden hineinwachsen können. Die Wege hat Johnny mit einheimischem Mulch bestreut, damit das Unkraut keine Chance hat und alles ordentlich aussieht.

die vierte Farm, die in Humboldt County die vollumfängliche Genehmigung zur Cannabiszucht erhielt.

Johnny möchte mit seiner Arbeit eine bedeutsame Veränderung in die Welt bringen. Wie auch immer es weitergehen mag, sein Leben ist mit dieser Pflanze untrennbar verbunden. Zurzeit findet er Sinn darin, sich als Fürsprecher der Farmer, die Gras anbauen, einzusetzen.

„Ich bin kein schlechter Mensch. Ich habe niemandem etwas zuleide getan", sagt er. „Ich möchte den Leuten zeigen, wer ich bin."

Johnny kultiviert Cannabis auf 465 Quadratmetern und baut Sorten an, die seine Mutter selbst gezüchtet hat. Die Leute, die sein Gras rauchen, sagen, es sei das beste weit und breit. Doch für Johnny geht es auf seinem Land um viel mehr als nur um Cannabis. Er hat auch gesunde Obstbäume und einen Teich voller Fische. Und um seine Cannabispflanzen zur Geltung zu bringen, pflanzt Johnny Blumen. Sein Stil geht dabei in Richtung Omas Lieblinge – ich habe noch nie so viele Petunien auf einem Haufen gesehen. Er möchte, dass seine Farm schön, üppig und farbenprächtig aussieht.

Und er versucht, alles richtig zu machen. An beiden Seiten seines Grundstücks verlaufen kleine Nebenflüsse mit Laichplätzen für Lachse. Johnny betreibt biologische Landwirtschaft, er lässt keine Schadstoffe in die Bäche fließen. Er besitzt das einzige staatliche Zertifikat für fischfreundliche Landwirtschaft. Seine liebste Jahreszeit ist der Spätsommer, wenn das Cannabis reift und die Luft jeden Morgen von den Aromen der Terpene erfüllt ist. Das erinnert ihn an seine Kindheit und seine inzwischen verstorbene Mutter. Er weiß genau, dass sie voller Stolz auf ihn herunterschaut.

Johnny ist sich nicht sicher, was die Zukunft bringt. Während das Katz-und-Maus-Spiel zwischen der DEA, der amerikanischen Drogenfahndungsbehörde, und den Growern in den 1980er- und 1990er-Jahren der Produktion nichts anhaben konnte, ist es heute ausgerechnet die Legalisierung, die viele Anbauer in der Pleite treibt. Die Kosten für Genehmigungen und Steuern explodieren, und die Gewinnmargen sind nur noch minimal. Weil Cannabis auf Bundesebene immer noch illegal ist, bekommen die Bauern keine Kredite von den Banken. Die Herausforderungen sind endlos. Aber Johnny ist mit Leib und Seele dabei. Er hat dieser Pflanze sein Leben gewidmet, und er kann nicht anders, als daran zu glauben, dass irgendwann alles gut wird, wenn wir alle endlich begreifen, was er schon immer wusste: Es ist nur eine Pflanze.

Ortstermin

# Zak Powers *über den* Anbau *in* New York City *und* Oregon City, Oregon

**Zak Powers ist in ländlicher Umgebung auf einer Insel in British Columbia, Kanada aufgewachsen. Dort hatte er immer den Eindruck, alle, die er kannte, würden Gras anbauen. Das war in seiner Gegend eine der Hauptverdienstmöglichkeiten, und keiner ist je aufgeflogen. „Dass es illegal war, machte mir nie Angst, anders als meinen Freunden in den USA", sagt Zak. Heute ist er Filmemacher – ihr solltet euch seine Serie The Yard anschauen, sie dokumentiert seine Abenteuer beim Anbau von Cannabis und seine Erkenntnisse darüber. Er ist dafür bis nach Italien, Israel und zum Nordpol gereist. Überall, wo er wohnte, hat er Cannabis gezogen – auf der Dachterrasse in New York City, in Montana und im Garten seines jetzigen Zuhauses in Oregon City, Oregon.**

## Warum hast du angefangen, Gras anzubauen?

Lange Zeit kostete eine Unze Gold das Gleiche wie eine Unze Gras. Es war so, als würde man Gold anbauen! Ich habe mein Gras nie verkauft, sondern immer nur verschenkt. Und als Marihuana noch illegal war, da war es einfach ein gutes Gefühl, jemandem ein großes Glas mit frischem, hochwertigem Gras schenken zu können. Mir gefiel, dass das Zeug so wertvoll war. Es war ein ganz besonderes Geschenk, das auch mich zu etwas Besonderem machte, und das wünsche ich mir im Leben. Ich habe Gras gegen gute Gefühle eingetauscht.

## Erzähl mir vom Outdoor-Anbau in New York.

Ich wohnte in der 88th Street/Ecke Central Park West in einem schicken, fünfstöckigen Stadthaus ohne Fahrstuhl. Ich stellte eine Badewanne mit Löwenfüßen auf die Dachterrasse und platzierte ein Meer von Cannabispflanzen drumherum. Ich hatte etwa zwanzig Pflanzen in 20-Liter-Töpfen. Ich dachte, die Töpfe wären groß genug – waren sie aber nicht. Ich liebte meine Pflanzen über alles und gab ihnen viel zu viele Nährstoffe. Ich überdüngte sie mit chemischem Dünger. Letztendlich habe sie durch meinen Eifer und die Überdüngung beinahe umgebracht.

## Was war das größte Problem beim Anbauen in New York?

Die Bullen! Es war Anfang der Nullerjahre, und ich wohnte in einer 8-Millionen-Stadt. Obwohl niemand auf unsere Terrasse schauen konnte (sie lag oberhalb eines baumbewachsenen Innenhofs), haben wir doch oft Partys gefeiert. Ich hatte immer Angst, dass jemand die Polizei rufen, die das Cannabis entdecken und ich im Gefängnis landen würde. Aber letztendlich war ich jung, und es war mir egal.

Außerdem gab es ekelhaft viele Schädlinge. Raupen, Milben – einfach alles. Die Hauptstadt des Ungeziefers. Ich habe selbst Sprühmittel gebraut, aus Chili, Olivenöl, Zitronensaft und Essig. Und Natron. Ich habe alle möglichen Rezepte von verschiedenen Leuten ausprobiert. Das war vor der Zeit, als man einfach im Internet nachschauen konnte und dort erfuhr, dass man eigentlich nur Neem-Öl braucht. Also habe ich viel herumtelefoniert. Ich habe mir ein Buch von Ed Rosenthal aus der Bibliothek ausgeliehen und es fotokopiert. Wir haben die Kopie untereinander weitergegeben und sie unsere Bibel genannt. Sie lag in einer roten Fächermappe – ich habe sie aufgehoben. Aus diesem Buch stammte der größte Teil unseres Wissens. Selbst Grower sprachen nicht gerne mit anderen über das Thema, denn alle hatten Angst, erwischt zu werden. Schließlich bekam ich mit, dass die Schädlinge eher lästig als schlimm waren. Die Blätter der Pflanzen bekommen ein paar Löcher und Flecken, aber man kann das Gras trotzdem rauchen. Und trotzdem verschenken.

## Und jetzt baust du ganz legal in Oregon City, Oregon, an. Was ist das für ein Gefühl?

Überall vorher machte ich etwas Verbotenes. Das war aufregend, doch es war kein zukunftsträchtiges Vergnügen. Es war wie eine vergiftete Liebe. Jetzt kann ich meine Pflanzen einfach in den Garten setzen. Anstelle von Rosen pflanze ich Cannabis.

## Wie wählst du die Sorten aus?

Ich nehme am liebsten Samen, die hier im Nordwesten angebaut wurden und an die Gegebenheiten angepasst sind. Der Herbst ist hier meistens sehr nass, deshalb brauchen wir eine Sorte, die entweder früh blüht oder schimmelresistent ist. Mir ist eine lange Wachstumsphase lieber, denn ich mag die Zeit mit den Pflanzen. Darum nehme ich die schimmelresistenteste Sorte, die ich kriegen kann. Durch meine Arbeit kenne ich die Züchter hier in der Gegend, und das ist mein Glück. Hermetic Genetics und Yerba Buena sind zwei meiner Lieblingsbezugsquellen für Samen.

## Was hält dein Interesse wach?

Ich kann nicht kein Cannabis anbauen. Keine Ahnung, warum. Ich muss es einfach tun. Ich baue es an, als wäre es eine Lotusblume. Die Ernte ist mir gar nicht mal so wichtig – ich brauche einfach die Pflanzen um mich. Ich rauche nicht, und mittlerweile kann ich nicht mal mehr die gesamte Ernte verschenken. Tomaten. Tomaten wären nützlich. Die könnte ich meinen Kindern zu essen geben. Die könnte ich verschenken. Aber die ziehe ich nicht. Stattdessen habe ich hundert Cannabispflanzen ausgesät. Ich habe keine Erklärung für diese Besessenheit. Mir scheint allerdings, das geht vielen Cannabis-Growern so.

# Der Urbane

Daniel Stein ist ein Werber, kein Kiffer. Jahrzehntelang hat er bei Kampagnen für bekannte Lebensmittelproduzenten mitgearbeitet, darunter Kraft Foods, Wrigley, Jameson und Absolut. Als er mit seiner Firma vor etlichen Jahren von San Francisco nach Oakland umzog, war Cannabis plötzlich überall: Sein Büro liegt gegenüber einer Cannabisausgabestelle und direkt über Oaksterdam, Amerikas erster Cannabisuniversität. Zumindest optisch also mitten im Zentrum der Branche. „Wir haben das Cannabis entdeckt, und das Cannabis hat uns entdeckt", sagt Daniel.

Er betreute nach und nach immer mehr Kunden aus der Cannabisindustrie – Eaze, Dark Heart Nursery und das Harborside Health Center, das als die größte nicht-kommerzielle Ausgabestelle für medizinische Marihuana-

Produkte im ganzen Land gilt. Schließlich dachte er sich, wenn er schon so viele Kunden aus dem Business hatte, dann sollte er vielleicht selbst mal einen Anbauversuch wagen.

Er hatte keine Ahnung, worauf er sich einließ. Zwar arbeitet Daniel sehr gern mit den Händen – zum Beispiel an Motoren und Getrieben –, aber gegärtnert hatte er noch nie. Und was Gras anging, war er erst recht ahnungslos: „Ich dachte, man raucht die Blätter", gibt er zu.

In seiner ersten Anbausaison machte er nach, was er schon mal gesehen hatte – er versuchte, die Pflanzen im Haus zu ziehen, unter einer Lampe, aber ohne weiteres Zubehör. Prompt starben alle seine Pflanzen ab. Doch es hatte ihn bereits erwischt. Er machte weiter, und ihm wurde immer klarer, dass er auch dabei sein auf Mechanik geeichtes Hirn einsetzte – nur dass es sich in dem Fall auf Nährstoffe und Schädlinge konzentrierte. Es schadete auch nicht, dass es ihm gelang,Berater um sich zu scharen, die jeden Cannabis Grower neidisch machen würden, zum Beispiel ein paar Professoren von der Oaksterdam-Uni unter ihm.

*Links*
Sagen wir einfach, Daniel Stein findet immer einen Grund, der Dachterrasse seiner Werbeagentur in Oakland einen Besuch abzustatten.

*Rechte Seite*
Sour Diesel in großen Kübeln schmückt die Terrasse im Herzen der Stadt mit üppigem Grün. Sonnenblumen, Wandelröschen und Basilikum runden den Dachgarten ab, und ein Bistrotisch mit Stühlen sorgt dafür, dass Besucher sich willkommen fühlen.

FOX
OAKLAND

Nach einem Fotoshooting für einen Prospekt des Harborside Health Center auf der Dachterrasse der Agentur blieben ein paar Sour-Diesel-Stecklinge stehen, die normalerweise in den Biomüll gewandert wären. Aber weil es gerade kurz vor dem Muttertag war, Anfang Mai – eine perfekte Zeit zum Pflanzen –, beschloss Daniel, es mal mit dem Anbau auf dem Dach zu versuchen. Er topfte die Pflänzchen in größere Gefäße um; zwei kamen in 60-Liter-Pflanztaschen, der dritte in ein halbiertes Weinfass.

An einem so gut einsehbaren Ort anzubauen, machte Daniel ein bisschen unruhig. Er war in den Jahren unter Reagan mit dem „Just Say No"-Motto groß geworden, und die verinnerlichte Stigmatisierung war schwer abzuschütteln. Obwohl Cannabis damals für den gelegentlichen privaten Konsum bereits legalisiert war, fragte er sich, was seine Mitarbeiter wohl davon halten würden. Und seine Kunden.

Aber es stellte sich heraus, dass alle begeistert waren. Und sechs Monate später hatte er 1,4 Kilo Gras.

Daniel ist kein großer Kiffer. Da er unter Narkolepsie leidet, kann er nur mit großer Vorsicht und zu Hause in sicherer Umgebung kiffen. Aber er freut sich, wenn er seine Ernte an Freunde und Verwandte verschenken kann. Seinem Bruder, der nach einem Schlaganfall mit Lähmungen und Schmerzen lebt, verschafft Marihuana große Erleichterung. Seine Mutter setzt es gegen ihre Angstzustände ein, sein Vater bekämpft damit seine Arthritisbeschwerden und -schmerzen.

Daniel ist also wegen der Freude am Anbauen dabei. Cannabis hat in ihm die Lust am Gärtnern geweckt. Mittlerweile ranken sich an den Gittern der Dachterrasse auch Gurken und Tomatenpflanzen empor, und er arbeitet ständig daran, seine Anbautechniken zu verbessern. Letztes Jahr gegen Ende der Gartensaison hat er endlich einen Schlauch an den Wasserhahn in der Nähe der Dachterrasse angeschlossen. Jetzt spart er viel Zeit, weil er nicht mehr Kanne für Kanne schleppen muss. Nächstes Jahr will er vielleicht sogar ein automatisches Bewässerungssystem ausprobieren.

Ein Rankgitter für Tomaten stützt die Cannabispflanzen. Die fröhlichen gelben Blüten der Wandelröschen setzen bunte Akzente.

Ortstermin

# Casey Rivero *über den* Anbau *in* Zentralarizona

**Casey, einer der Mitbegründer der Yerba-Buena-Farm in Oregon, die sonnengereiftes Cannabis produziert, arbeitet heute für einen LED-Leuchten-Hersteller und berät Cannabis-Grower bei der Auswahl der besten technischen Ausstattung für den Indoor-Anbau. Er glaubt, dass sich sowohl der Indoor- als auch der Outdoor-Anbau weiterentwickeln wird und es bei beiden Methoden darum geht, effizienter und ressourcenschonender zu werden. Für Casey, der in Arizona geboren und aufgewachsen ist, fing die Liebesaffäre mit Cannabis in der Wüste an.**

## Wie hast du deine Liebe zu Marihuana entdeckt?

Ich bin in Phoenix aufgewachsen – nur gut eine Stunde von der mexikanischen Grenze entfernt. Dort gab es Gras in Hülle und Fülle. Meine Freunde haben es schon relativ früh entdeckt, denn viele hatten ältere Geschwister. Es war leicht zu beschaffen, und man kriegte immer Samen dazu. Meine Freunde konnten mit den Samen nichts anfangen, aber ich war begeistert. Ich sagte immer: „Los, kommt, wir pflanzen sie ein!"

## Wie lief es mit den ersten Pflanzen?

Ich hatte einen alten Schulspind, den mein Dad mir für meine Fußballsachen besorgt hatte. Als ich ungefähr 16 Jahre alt war, habe ich das Fußballzeug ausgeräumt, den Spind innen mit Alufolie ausgekleidet, eine Aquariumlampe hineingehängt und Cannabis darin gezogen. Von außen war es ein Schrank mit einem Dodgers-Sticker, drinnen jedoch war eine andere Welt.

Ich habe immer Tagebuch geführt. Die Einträge lauteten „Sieht gut aus heute" oder „Habe heute gegossen". Meine Mom hat eines Tages alles entdeckt. Sie sagte: „He, ich habe dein kleines Experiment in deinem Zimmer gesehen." Ich nahm an, es wäre damit vorbei. Dann sagte sie: „Aber dann habe ich die Tagebücher entdeckt. Für dich ist das ein wissenschaftliches Experiment, oder?" Klar war es das. Ich durfte die Pflanzen behalten, und sie beobachtete die Sache mit der gebührenden Skepsis.

## Wie hat der Anbau geklappt?

Überhaupt nicht! Ich hatte ja niemanden, den ich um Rat fragen konnte. Ich konnte weibliche nicht von männlichen Pflanzen unterscheiden. In der Bücherei las ich Bücher über andere Pflanzen, auf der Suche nach Informationen, die ich auf meine Cannabissämlinge übertragen konnte. Ich stellte meinem Biolehrer beiläufig ein paar Fragen, um zu erfahren, wie man Pflanzen zog. Ich versuchte auch, ein paar draußen am Straßenrand zu pflanzen. Allerdings war Sommer in Phoenix. Wenn man nicht mit der Gießkanne danebenstand, gingen sie ein.

## Doch dann hattest du irgendwann den Bogen raus?

Ja. Ich bin zum Studieren nach Flagstaff gezogen, und Arizona hat 2010 den Marihuana-Konsum zu medizinischen Zwecken legalisiert. Damals durfte man zwölf Pflanzen für den Eigenbedarf selbst anbauen. Man konnte sich auch als Betreuer für bis zu fünf Patienten melden und Pflanzen für sie anbauen. Ich hatte einen Freund, der ein Stück Land am Hassayampa River besaß, einem sehr schönen Fluss, und so wurde ich Betreuer.

Entscheidend war, die Pflanzen genau zu beobachten. Wir hatten jedes Jahr solche Motten, die sich in den Blüten einnisten. Sie fraßen und sonderten Scheiße ab und verursachten Schimmel. Mit der Zeit fanden wir heraus, dass sie manche Sorten besonders liebten. Also pflanzten wir eine dieser Sorten – Northern Lights #5 – an den Rändern des Grundstücks, am Zaun entlang, am Flussufer, bei den Bäumen. Die Motten richteten an diesen Pflanzen den üblichen Schaden an, ließen die anderen Pflanzen in der Mitte aber in Ruhe.

## Die meisten hätten eine Sorte, die so schädlingsanfällig ist, gleich ausgemustert. Wieso hast du sie behalten?

Die Natur findet sowieso einen Weg, ganz egal was du tust, denkst du nicht? Hätten wir die Sorte weggelassen, hätten die Motten gesagt: „Na gut, dann fressen wir eben die anderen." Wenn dein Hund gerne Löcher gräbt, schreist du ihn dann an, damit er aufhört, oder bietest du ihm einen Platz an, wo er graben darf? Man muss sich entscheiden, ob man mit der Natur arbeiten will oder gegen sie.

## Wie läuft der Anbau unter freiem Himmel in Arizona?

Den meisten ist das nicht klar, aber in Arizona gibt es sehr unterschiedliche Klimaregionen, unterschiedliche Bodenarten und unterschiedliche Höhenlagen. In Nordarizona findet man vulkanische Böden, im Süden eher Sedimentgestein. Dort gibt es mehr Felsen und Sand. Im mittleren Landesteil – wo ich anbaute –, kommt beides zusammen, und es gibt auch Restbestände von Urwäldern. Die Böden sind fett und der Grundwasserspiegel hoch. Es ist unheimlich fruchtbar. Es gibt dort sogar viele tolle Weinberge. Irgendwann hatte man festgestellt, dass Wein dort ganz wunderbar gedeiht.

## Was ist die größte Schwierigkeit?

Im Juli und August kommen die Monsunregen, und die können verheerende Schäden anrichten. Nicht wegen der Feuchtigkeit, aber der sintflutartige Regen kann jederzeit die Pflanzen umknicken. Und wir haben manchmal auch Tornados. Auf dem Grundstück, wo ich zuletzt angebaut habe, ist ein Tornado mitten hindurchgefegt und hat zwei Zäune umgerissen. Es war echt wie in dieser Szene im *Zauberer von Oz*.

## Dein Rat für Anfänger?

Macht euch die Gegebenheiten des Bodens und der Umgebung klar. Werdet euch auch über eure Ziele und Absichten klar. Verlangt nichts von eurem Land, was es nicht leisten kann. Und verlangt nicht zu viel von euch selbst. Baut keine größere Menge an als nötig und steckt euren Ehrgeiz nicht in die Züchtung von sehr großen Pflanzen. Klar, Riesencannabispflanzen sehen cool aus. Sie sind eine Neuheit. Sie sind so wie der größte Kürbis auf dem Herbstmarkt, der den Preis gewinnt. Aber den will am Ende niemand essen, weil er nicht besonders gut schmeckt.

# *Die* Kräuter-spezialisten

Als Cyril Guthridge und Anna Petty-Guthridge die Gelegenheit bekamen, ihren Traum vom eigenen Grund und Boden zu verwirklichen und ihre Töchter auf einem Stück Land großzuziehen, das Cyrils Familie gehörte, zögerten sie nicht lange. Sie zogen von Morro Bay, einem Ort an der Küste Kaliforniens, nach Redwood Valley, eine von Landwirtschaft geprägte Kleinstadt in Mendocino County, wo sie schon bald in mehrfachem Sinne verwurzelt waren. Anna, von jeher naturbegeistert und ausgebildete Kräuterheilkundlerin, nutzte die Gelegenheit, um ihre eigene Pflanzenapotheke anzulegen. Sie bepflanzte Beete mit Ringelbumen (Calendula), einem Allheilmittel bei Hautkrankheiten, Ashwagandha (*Withania somnifera*, dt. auch Schlafbeere), einem Kraut, das seit Jahrhunderten in der ayurvedischen Medizin Anwendung findet, und Jambú (*Acmella oleracea*), einer in Brasilien beheimateten Pflanze mit gelb-orange leuchtenden, essbaren Blüten, die auf der Zunge ein explosionsartiges, starkes Prickeln auslösen und für ihre antiseptischen, entzündungshemmenden und antifungalen Eigenschaften bekannt sind.

Das Leben auf dem Land hatte einen entscheidenden Haken: Nur mit dem Einkommen einer Vollzeit-Kräuterheilkundlerin war es schwer, den Lebensunterhalt für die Familie zu bestreiten. Die beiden brauchten einen Zusatzverdienst, und in Mendocino County ist da die erste Wahl: Gras anbauen. Mit dem Erlös aus dem Anbau tief im Wald konnten sie ihre Rechnungen bezahlen. Während sie ihren Traum lebten, blieben sie unter dem Radar und hielten die Sache vor ihren Töchtern geheim, denn sie wollten sie auf keinen Fall in die Situation bringen, über die Arbeit ihrer Eltern Lügen erzählen zu müssen.

Nach der Legalisierung kamen sie aus dem Wald heraus und verlegten den Anbau in den häuslichen Garten und auf die angrenzenden Felder. Sie sprachen von da an offen mit ihren Töchtern über die Pflanze, und was als simpler

Cyril verehrt Anna ein frisch gepflücktes Sträußchen aus Statizen und Strohblumen, zwei lange haltbaren Schnittblumenarten, die das Paar anpflanzt, um einerseits die Farm aufzuhübschen und andererseits Nützlinge als biologischen Pflanzenschutz anzulocken.

Zusatzverdienst begonnen hatte, entwickelte sich zu einem Produkt, das sie selbst weiter verarbeiteten und auf das sie ausgesprochen stolz waren.

Anna, die niemals Gras raucht, hat inzwischen ihr Wissen über Cannabis als Heilmittel vertieft. Sie lernt bei der holistischen Heilpraktikerin und Cannabistherapeutin Wendy Read, der Gründerin von Caretakers Garden. Man muss nicht kiffen, um in den Genuss der Wirkung dieser in Annas Augen fantastischen Pflanze zu kommen. Sie stellt daraus Salben, Seifen, Lotionen und Tinkturen her – manchmal mit anderen Heilkräutern gemischt –, die sie gegen Entzündungen und Schmerzen einsetzt.

Draußen im Garten tobt sich Cyril nach Herzenslust mit den Pflanzen aus. Die Lust an hortikulturellen Experimenten liegt bei ihm in der Familie. Cyril ist in Del Mar in Südkalifornien aufgewachsen. Als Kind ist er viel gesurft und hat mit seinem Vater im Garten gespielt. Sein Vater hat als Landschaftsarchitekt ständig mit Palmen und tropischen Pflanzen experimentiert. Cyrils Großvater, nach dem er benannt ist, hatte sich einen Ruf als einer der ersten Experten für Bodenverbesserung in Kalifornien erworben; nach dem Zweiten Weltkrieg hat er Substratmischungen für die damals boomenden Baumschulen und landwirtschaftlichen Betriebe entwickelt. Die Guthridge-Männer lieben es, Pflanzen zum Wachsen zu bringen.

Anders als viele andere Anbauer hält Cyril seine Pflanzen klein, denn er glaubt, je kleiner die Pflanze, desto potenter die Terpene und Cannabinoide. Weniger ist mehr, betont Cyril. Cannabis reagiert auf das, was man ihm zuführt. Wenn man möchte, dass die Pflanzen riesig werden, dann braucht man sie nur mit Nährstoffen zu füttern. Aber, sagt er, das ist für eine gute Ernte nicht nötig und auch nicht wünschenswert. Seine Methode – angelehnt an Praktiken der Permakultur – besteht darin, die Natur zu nutzen, um die Pflanzen zu ernähren, ohne Chemie. „Guter Boden ist wie ein gutes Immunsystem", sagt er. Am Ende der Wachstumsphase gibt er seinen Pflanzen nur wenig Wasser, damit sie stärkere Terpene und Aromen ausbilden. Aus gärtnerischer Sicht ergibt das absolut Sinn: Auch beim Trockenfeldbau entsteht das intensive Aroma von Tomaten oder Weintrauben im Wesentlichen durch den Verzicht auf künstliche Bewässerung.

*Linke Seite*
Auf Cyrils und Annas Grundstück wachsen die Cannabispflanzen in voller Sonne, direkt neben einer Gruppe Eichen.

*Rechts*
Außer mit Cannabis experimentieren Cyril und Anna auch mit Kräutern, Schnittblumen und essbaren Blühpflanzen. Wo immer möglich, erfüllt jede Pflanze mehr als nur einen Zweck. Das ist ein Prinzip aus der Permakultur, das Mehrfunktionalität genannt wird. Kamille und Schafgarbe zum Beispiel locken beide nützliche Insekten an und erhöhen zugleich die Harz- und Ölproduktion des Cannabis. Cyril glaubt, dass terpenreiche Pflanzen wie Lavendel oder Zitronenmelisse auch den Terpengehalt der Cannabispflanzen erhöhen. Er pflanzt regelmäßig Basilikum, Klee, Kornblumen, Ysop, Steinkräuter, Wicken, Borretsch und Lupinen, um Nützlinge anzuziehen.

Ortstermin

# Denise Stubbs *über den* Anbau *in* Plainfield, Vermont

**Obwohl Denise Stubbs zurzeit in der Psychiatrie arbeitet, erlaubt die Legalisierung es ihr, sich parallel wieder ihrer zweiten lebenslangen Leidenschaft zuzuwenden – dem Cannabis. Mit ihrer Gärtnerei, der Vermont Hemp Nursery, möchte sie die Region mit Sorten versorgen, die einen hohen CBD- und einen niedrigen THC-Gehalt haben.**

## Warum hast du angefangen, Gras anzubauen?

Mein Vater hat gerne gekifft, daher kannte ich Gras von Kindheit an. Als Teenager habe ich dann auch mit dem Rauchen angefangen, und ich rauche bis heute. Ich mag das Gefühl, das Kiffen in mir auslöst. Dad hat nicht selbst angebaut, aber er war ein Aussteiger, und als Kind war ich ständig im Garten.

Früher konnte ich Gartenarbeit eigentlich nicht ausstehen, offenbar schließen sich im Leben jedoch irgendwann alle Kreise. Mit Mitte zwanzig habe ich auf Biobauernhöfen gejobbt und dort alles Mögliche angebaut, da war Cannabis nur eine logische Fortsetzung dieser Arbeit. 1999 bekam ich ein paar Samen geschenkt, die von einem erfahrenen Grower aus Vermont stammten, und so fing ich damit an. Ich bin Autodidaktin, habe also vor allem am Anfang viel improvisiert. Seit damals ziehe ich Cannabis, um immer meinen eigenen Grasvorrat zu haben.

## Erzähl mir, wie es ist, in Vermont unter freiem Himmel anzubauen.

Bis vor Kurzem war das illegal! Ich habe also immer Guerilla-Gardening betrieben und mein Gras an versteckten Stellen angebaut, zu denen ich erst hingehen musste. Manche meiner Freunde sind dafür kilometerweit gelaufen, aber so hardcore bin ich nie gewesen. Denn überleg mal – man muss ja absolut alles mitschleppen. Spezielle Pflanzenerde, Dünger, Wasser, Gartenwerkzeug. Alles muss zu Fuß an Ort und Stelle gebracht werden. Meine Anpflanzungen lagen immer nur einen kurzen Fußweg entfernt, und ich habe nie mehr als fünf Pflanzen pro Stelle angebaut.

## Und diese unangenehme Sache, die es bei euch da oben gibt – man nennt sie Winter, glaube ich?

Na ja, erst mal gefallen dem Hanf die Sommer hier bei uns. Da ist es schön warm, und die Pflanzen wachsen wie wild. Und der viele Schnee hat auch seine Vorteile – Schädlinge und Krankheiten überstehen den Winter nicht, und zudem erhöht sich dadurch der Stickstoffgehalt des Bodens.

Aber klar, ein starker Frost kann die Wachstumssaison verkürzen. Manchmal beginnt der Winter schon im September. Deshalb ist es gut zu wissen, was man anbaut, und eine Sorte auszusuchen, die eher früh blüht. Cannabis kommt mit ein bisschen Frost gut zurecht. Wenn die Temperaturen allerdings zu tief sinken, zerstört das die Zellstuktur der Pflanze, und es sieht schlecht aus. Wenn das zu befürchten ist, muss man früh ernten. Dann ist das High eben ein bisschen lebhafter.

## Was war deine größte Panne beim Anbau im Freien?

Mir sind natürlich schon Pflanzen eingegangen, weil ich den falschen Standort ausgesucht hatte, mit zu wenig Sonne zum Beispiel, oder an einer Stelle, wo oft ein Elch vorbeikam. Auch mit Grauschimmel hatte ich schon zu tun, wenn es gegen Ende der Saison zu feucht wurde. Aber am schlimmsten ist, wenn man nach dem Weg durch den Wald an seiner Stelle eintrifft und sieht, dass alles geklaut wurde.

## Du hast sowohl indoor als auch outdoor angebaut. Was findest du besser?

Der Anbau im Freien ist nicht zu überbieten. Indoor versucht man ja nur, eine Outdoor-Umgebung zu simulieren. Das ist ganz schön viel Aufwand. Und die Pflanzen sind komplett von dir abhängig. Draußen kann man viel sich selbst überlassen. Da erledigen Erde, Sonne und Regen den größten Teil der Arbeit.

# Damals Hippie, heute Gärtner

Zero Nylin kennt sich mit Gras aus. Als Toningenieur und Roadmanager in der Musikszene der Sechzigerjahre in Nordkalifornien hat er jede Menge Joints geraucht, unter anderem mit Bob Marley (der den Joint allerdings nicht weitergab), Barry White, Terry Haggerty, Quincy Jones und der Band von Ike Turner. Als ich ihn frage, warum er mit dem Kiffen angefangen hat, sagt er: „Es gab die Spießer und die Hippies. Hippies kifften, und damit hatte es sich."

Heute hat er noch andere Gründe: Marihuana ist das Einzige, was ihn von seinem hartnäckigen Tinnitus ablenkt.

Er pflanzt nur zwei oder drei Pflanzen in seinem Garten, und die lässt er sehr groß werden. Die Stecklinge bekommt er von seinem langjährigen Freund und Rockmusik-Kollegen Terry

Haggerty. Terry besitzt eine hochgeschätzte Saatgutsammlung, die er auf seinen Reisen um die Welt zusammengetragen hat. Er kann zu jedem einzelnen Samen die passende Geschichte erzählen – wie er von Afghanistan nach Amerika kam oder wer ihn aus Mexiko herausgeschmuggelt hat. Terry hat es auf Sorten abgesehen, die komplexer sind, mehr bieten als nur den exorbitant hohen THC-Gehalt, der derzeit auf dem Markt so gefragt ist. Er möchte Gras anbauen, das seine Kreativität anheizt. Zero hat mir erzählt, dass Gras für ihn und seine Freunde damals der Stoff war, mit dem sie zwischen ihren diversen LSD-Trips die Verbindung zur psychedelischen Welt aufrechterhielten.

Zeros Gras ist gut. Bei einem unserer Besuche gab er meiner Fotografin und mir Proben der Ernte aus dem letzten Jahr mit. Rachel fragte mich nervös: „Wie das wohl wirkt? Abends nehme ich nämlich gern etwas mit einem 1:1-Verhältnis CBD zu THC …" Sie spulte die Produkte herunter, die sie am liebsten mag. Zero drehte sich um, schaute uns in die Augen und sagte nur: „Von dem hier werdet ihr high." Und so war es. Ich probierte es noch am selben Abend aus (versteht sich von

*Links*
Zero verbringt viel Zeit im Garten mit der Pflege seiner Hanfpflanzen.

*Rechte Seite*
Im Laufe der Wachstumsperiode verändert sich die Cannabispflanze: Erst hat sie üppiges, buschiges Blattwerk, später lange Zweige voller dicht stehender, klebriger Blüten.

Durch Zeros Garten fließt ein Bach, deshalb macht er sich gegen Ende des Sommers Sorgen wegen der Feuchtigkeit. Er dünnt die Fächerblätter aus, damit die reifenden Knospen mehr Sonne abbekommen.

selbst). Ich fühlte mich klar und kreativ. Und wie immer habe ich ein paar Schränke aufgeräumt und es ging mir dabei großartig.

Zero kümmert sich wirklich liebevoll um seine Pflanzen, das muss man ihm lassen. Er gibt ihnen Komposttee, den er mit Hühnerdung aus der Nachbarschaft herstellt. Und damit im Spätsommer wegen der Feuchtigkeit von dem Bach, der durch seinen Garten

*Nächste Seiten (links)*
Zero baut die Kreuzung einer kolumbianischen Sorte aus dem Jahr 1969 mit einer afghanischen aus den 1970er-Jahren an. Ein Freund von Zero zieht die Stecklinge und gibt sie an ihn weiter.

*Nächste Seiten (rechts)*
Um Krankheiten wie Mehltau durch zu viel Feuchtigkeit im Spätsommer vorzubeugen, richtet Zero Ventilatoren auf die Blüten, wenn die Erntezeit naht. So etwas habe ich noch nie gesehen, und ich bin stark davon beeindruckt, was er alles tut, um seine Pflanzen zu schützen.

fließt, keine Blütenfäule entsteht, schleppt er Kastenventilatoren nach draußen und richtet den Luftstrom auf die Blüten.

Aber wenn ihr glaubt, dass ein Peace-and-Love-Hippie automatisch etwas vom Gärtnern versteht, habt ihr euch getäuscht. Zeros Gras ist zwar großartig, aber er züchtet als Raucher, nicht als Gärtner. Was ich meine, ist: Zero hat den Cannabisanbau von einem Kiffer gelernt, und Cannabis ist die einzige Pflanze, die Zero je angebaut hat.

Daher fehlt ihm der gärtnerische Instinkt, der ihn lehren würde, dass Hanf eine Gartenpflanze wie alle anderen ist und auch so behandelt werden muss.

Das ist fast schon komisch, denn Zeros Garten ist dank seiner Frau Tilly ein echtes Schmuckstück. Das Paar wohnt in dem Haus, in dem Tilly aufgewachsen ist; ihre Familie hatte es in den 1950er-Jahren gekauft. Der Garten trägt die Handschrift ihres Vaters, ihrer italienischen Großeltern und aller anderen Familienmitglieder, die dort gelebt haben. Eine Überfülle von Pflanzen gedeiht dort: sechs verschiedene Apfelbäume, zwei Sorten Kakis, Weintrauben, Kräuter, verschiedenes Gemüse und auch Neuheiten wie die Baumdahlien, die über 7 Meter hoch werden und den ganzen Winter über blühen. Tilly gärtnert nach der Direktsaat-Methode und konzentriert sich auf die Bodenverbesserung. Ihr Stück Land ist ein wahrer Garten Eden.

Die im Garten verteilten Kinderplanschbecken aus Kunststoff, in denen Zero sein Cannabis zieht, stehen dazu im krassen Gegensatz. Er sät es nicht direkt in die Erde, weil er glaubt, die Isolation sei irgendwie gut für die Pflanzen.

Natürlich ist es total in Ordnung, in Pflanzgefäßen anzubauen, vor allem wenn man keinen Platz hat oder der Boden suboptimal ist. Aber der Boden in Zeros Garten ist absolut top. Er ist fett, durchlässig und voller organischem Material. Der Stoff, aus dem die Träume sind. Doch als Nicht-Gärtner scheint Zero fast Angst davor zu haben, dass seine Cannabispflanzen ihre Wurzeln direkt in den Erdboden schlagen. Er erklärt mir, die Planschbecken minimierten den Einfluss des Bodens. Ich schaue Tilly an, die mit den Augen rollt, denn sie weiß, was ich auch weiß: Ein bisschen Einfluss dieses Bodens würde den Pflanzen nur guttun. Vielleicht ändert Zero ja noch seine Meinung. Nach sechs Jahren sind die Planschbecken schon ziemlich lädiert. Sie haben Löcher im Boden, und er weiß, dass es einen Austausch mit dem Erdboden gibt. Vielleicht, sagt er, vielleicht wird er darüber nachdenken, seine Pflanzen doch direkt in die Erde zu setzen. Tilly und ich lächeln.

Nach der Ernte bleiben die Skelette von Zeros Hanfpflanzen übrig. Als nachhaltige Gärtnerin legt Tilly die Zweige zur Seite, um sie als Rankhilfen für Erbsen und Favabohnen zu nutzen. Ab dem Frühling sind sie mit Grün bedeckt, und die Gemüsepflanzen reichern den Boden mit Stickstoff an und machen ihn so noch wertvoller für Zero, der sich nächstes Jahr vielleicht trauen wird, seine Stecklinge direkt in die Erde zu pflanzen.

# *Die* Gläubige

Penny Barthel ist ein gottesfürchtiges Mitglied der presbyterianischen Kirche und verheiratet mit einem Datenwissenschaftler und ehemaligen Abstinenzler. Eine unwahrscheinlichere Kandidatin für die Rolle einer Marihuana-Missionarin ist kaum denkbar, und doch predigt Penny das Cannabis-Evangelium.

Da sie eine begeisterte Gärtnerin mit einem winzigen Garten ist, muss sich bei ihr jede Pflanze den Grund und Boden, den sie beansprucht, erst verdienen. Da nur Platz für eine einzige Rose ist, hat Penny eine „Gertrude Jekyll" gepflanzt, unübertroffen im Duft. Der Limettenbaum zahlt seine Miete in Form von Früchten, die Penny täglich verwendet. Und kürzlich hat sie Platz für einen neuen Liebling geschaffen: Arabisches Bergkraut (*Micromeria fruticosa*), aus dem sich ein wunderbarer Kräutertee machen lässt, indem man das frische Kraut mit heißem Wasser übergießt. Das Arabische Bergkraut ist anspruchslos und dient als Bienenweide. Eine Pflanze muss sich schon ins Zeug legen, um bei Penny willkommen zu sein.

Als eine Freundin vor ein paar Jahren Cannabis in ihrem Garten pflanzte, fragte sie Penny – die als erfahrene Gärtnerin gilt – um Rat. Penny, mehr Pflanzen- als Cannabismensch, war begeistert von dem unvergleichlich üppigen Grün, das sie da zum ersten Mal sah. Sie hatte als Teenager versuchsweise gekifft, aber ab dem College kam das in dem sozialen Umfeld, in dem sie sich bewegte, einfach nicht mehr vor.

Penny war unsicher, was sie ihrer Freundin raten sollte. Anders als bei allem, was sie bisher angebaut hatte, konnte man nicht einfach in ein Gartencenter gehen und sich Tipps holen. „Es schien alles so geheimnisvoll", sagt sie. „Ich befürchtete, dass es ganz besondere Regeln für den Anbau der Pflanze gab." Nachdem sie den ersten Schreck, plötzlich Hanf anzubauen, überwunden hatte, entspannte sie sich und kapierte, dass auch Cannabis nur ein Pflanze ist.

*Nächste Seiten*
Zwischen Dahlien, einem Limettenbaum und ein paar Kräutern und Blumen kümmert sich Penny um die eine Cannabispflanze, die in ihren Garten passt.

Sie war schnell begeistert von der gesunden Ausstrahlung, der Resilienz und dem frischen Duft der Pflanze. Sie beschloss, in ihrem kleinen Garten etwas Platz zu schaffen, um selbst eine zu ziehen.

Ihre erste Pflanze im eigenen Garten war eine Indica-dominante Hybridsorte, eine Amethyst. Das aus Samen gezogene Pflänzchen schlug Wurzeln und wurde dann über 2,50 Meter hoch, ohne Dünger, abgesehen von einer Gabe nährstoffreichem Kompost zu Beginn der Saison. Penny schnitt die Pflanze nicht. Sie ließ sie einfach in Ruhe. Im Herbst erntete sie mehrere Pfund Cannabis und machte, was sie am liebsten mit Pflanzen tut: Sie experimentierte damit in der Küche. Penny stellt gerne Tinkturen her; sie löst Kräuter und anderes aus ihrem Garten in Alkohol und verwendet sie als Heilmittel. Bis heute nutzt und verschenkt sie auch ihre Cannabisernte am liebsten in dieser Form.

Sie hat festgestellt, dass Tinkturen auch sehr gut geeignet sind, um Freunden, die gerade erst anfangen, sich für Cannabis zu erwärmen, auf den Geschmack zu bringen – zum Beispiel ihre Freundinnen aus der Kirchengemeinde. Sie sind alle ungefähr in Pennys Alter und machen allmählich Bekanntschaft mit wiederkehrender Schlaflosigkeit und Muskelschmerzen, und sie greifen lieber zu natürlichen Heilmitteln als nach starken Medikamenten. Penny hilft ihnen, ihre Ängste im Zusammenhang mit Cannabis zu überwinden, zum Beispiel die Sorge, ihre Kinder könnten denken, dass sie Drogen nehmen. Historisch wurde Cannabis schon immer medizinisch genutzt, erklärt sie ihnen. Während ihre Freundinnen sich an den Gedanken gewöhnen, wird ihnen klar, dass es im Leben ihrer Kinder Schlimmeres geben wird, womit sie konfrontiert sein werden, und sie öffnen sich den vielen Möglichkeiten, Cannabis nutzbringend einzusetzen. Sie erfahren, wie sie vielleicht auch ihre Kinder zu einem solchen Umgang mit der Pflanze anleiten könnten.

Wenn sich Penny mit diesem Freundeskreis zum Reden und Beten trifft, dann gibt es immer Wein und Käse. „Der Tisch wird mit einem angenehmen Rauschmittel gedeckt", sagt sie. „Ich glaube, wir sollten lernen, Cannabis in unserem eigenen sozialen Umfeld zu nutzen. Es ist heute nicht mehr der Kifferszene vorbehalten, wie das in unserer Jugend war. Es gehört auch zu uns." Beim letzten Treffen hat sie vier Fläschchen mit einer Tinktur für besseren Schlaf verschenkt. Schon wenige Wochen später wurde Nachschub verlangt.

*Rechte Seite*
„Mein Garten ist meine Privatsphäre", sagt Penny. „Dort kann ich spielen."

*Nächste Seiten*
Penny hat ihrer Pflanze gesunde Erde gegeben, sonst hat sie während der Wachstumsperiode nicht viel getan. Sie hat sie noch nicht einmal beschnitten, sondern alles der Natur überlassen.

Ortstermin

# Fred Lutz *über den* Anbau *in* Denver, Colorado

**Fred Lutz hat in seinem Leben schon vieles gemacht: Er war Sergeant beim Militär, hat Straßen geteert, einen öffentlichen Bus gefahren und Filialen der Stadtbibliothek von Denver geleitet. Inzwischen Teilzeitrentner, malt er, fischt, reist, geht Campen, gärtnert – und, genau, baut Gras an.**

## Warum baust du an?

Als vor ein paar Jahren die Gesetze geändert wurden, habe ich angefangen, die legale Menge anzubauen. Ich passe regelmäßig auf die Katze meines Nachbarn von gegenüber auf, der – ohne dass ich davon wusste – Cannabis zog. Er hat die männlichen Pflanzen nicht aussortiert, daher hatte er jede Mengen Samen. Für ihn waren sie wertlos, aber ich interessierte mich dafür. Ich dachte, lass uns einfach mal ein bisschen Gras anbauen! Ist doch jetzt erlaubt! Ich habe Cannabispflanzen in meinen Garten gesetzt, weil Gras ein tolles Geschenk ist, über das die meisten Leute sich mehr freuen als über die ewigen Zucchini.

## Was ist deine größte Sorge?

Genau genommen darf man in Colorado nur in geschlossenen Räumen anbauen, das heißt, indoor oder in einem Keller. Mein Garten wird von einem 1,80 Meter hohen Zaun vor Einblicken geschützt und ist relativ sicher, aber ein Restrisiko bleibt. Vor einigen Jahren hat ein Bezirksstaatsanwalt-Assistent beschlossen, ein Paar anzuklagen, weil die beiden vier Pflanzen in ihrem Garten hatten. Sie dachten, ihr Sichtschutzzaun sei ausreichend, doch sie hatten sich geirrt. Der leitende Staatsanwalt hat die Anklage letztendlich fallen gelassen, aber erst, nachdem die beiden vorübergehend aus ihrem Haus ausziehen mussten und einen Haufen Ärger hatten. Deshalb habe ich immer eine leichte Paranoia.

## Erzähl mir vom Klima. Wie läuft der Anbau in Denver?

Um ehrlich zu sein, habe ich die Pflanzen anfangs indoor angebaut, aber meine Frau hat sich über den Gestank im Haus aufgeregt, deshalb mussten sie nach draußen umziehen. In unserem trockenen Klima haben wir kaum Probleme mit Schädlingen. Uns macht vielmehr der Hagel zu schaffen. In Colorado kündigt eine grünliche Färbung des Himmels einen Hagelschauer an. Ich habe im Garten ein paar 1,80 Meter hohe Stangen in die Erde gerammt, und wenn Hagel droht, werfe ich eine Abdeckplane über die Stangen, um die Cannabispflanzen zu schützen.

## Was machst du mit der Ernte?

Ich trockne sie im Motorradschuppen (ich bin einer der wenigen Bibliothekare, die auf Tempo stehen). Das Trocknen dauert ein bis vier Wochen, je nach Luftfeuchtigkeit. Sobald sie aufbrechen, kann man sie trimmen. Die Blüten kommen dann in acht 2-Liter-Einweckgläser. Kurz vor Weihnachten, wenn es Zeit wird, sie zu verschenken, fülle ich sie dann in kleinere Gläser um. Ich selbst kiffe nicht. Ich mache Cannabisbutter und backe Brownies. Alle zwei, drei Monate esse ich mal einen davon. Ich habe zu viel zu tun, um mich zu bekiffen. Aber meine Verwandten und Freunde lieben meine Weihnachtsgeschenke. Ich habe zwei Freunde, die MS haben und mein Gras sehr hilfreich finden.

## Wie wählst du die Sorten aus?

Ich habe die Samen von meinem Nachbarn geerbt, und das ist die Sorte, die ich anbaue. Ich weiß, dass manche Hanfpflanzen sehr hoch werden und andere eher buschig wachsen. Meine scheinen beides zu machen. Ich habe keine Ahnung, welche Sorte das ist. Meine Nichten nennen es Onkel Eds cooles Kellergras. Es ist nicht besonders stark. Für mich ist das ein Vorteil. Angeblich wollen die Kids heutzutage das stärkste Zeug, das sie kriegen können, und dann hängen sie stundenlang auf dem Sofa ab. Mein Gras wirkt nicht so.

# Samen: *Aussuchen, besorgen und säen*

Kapitel 4

Gerade gekeimte Cannabispflanze. Die runden Keimblätter werden Kotyledone genannt. Die mit den gezackten Blatträndern sind die Primär- oder Erstlingsblätter.

Es gibt zwei Dinge auf der Welt, die es beinahe schaffen, mich von der Existenz einer höheren Macht zu überzeugen: Erstens einen Komposthaufen anzulegen und dann mitzuerleben, wie er sich von einem Berg aus Küchen- und Gartenabfällen wieder in appetitliche Erde verwandelt. Und zweitens ein Samenkorn, egal welches, selbst auszusäen und aufgehen zu sehen. Es kommt mir schlicht überirdisch vor, dass man etwas so Winziges einfach eingräbt und gießt, und schon sprießt daraus ein, zwei Wochen später ein grüner, hoffnungsvoller Trieb. Für mich ist das ein Wunder, jedes Mal von Neuem, ganz egal, wie oft ich es schon erlebt habe.

Aber viele Menschen – sogar Gärtner – haben Angst vor der Aussaat von Samen. Als würde allein das Geheimnisvolle daran schon dazu führen, dass es schiefgehen muss. Weit gefehlt! Solange ihr dafür sorgt, dass der Boden während des Keimens feucht bleibt (ihr also eher nicht einen Tag nach dem Auslegen der Samen in den Urlaub fahrt), wird alles funktionieren. Versprochen! Es ist tatsächlich so einfach.

Was das Aussäen von Cannabissamen betrifft, werdet ihr bestimmt von allen Seiten hören, es sei kompliziert. Man wird sagen, ihr braucht Pflanzenlampen, Wärmematten, gereinigtes Wasser, spezielle Substrate. Nichts davon ist wahr. Null, nada, niente. Das sind nur Überbleibsel aus der Zeit, als der Cannabisanbau in den USA noch illegal war und nur hinter verschlossenen Türen stattfinden konnte, buchstäblich, zum Beispiel in Kleiderschränken und Kammern. Für diese Art von Anbau ist tatsächlich jede Menge Zubehör nötig.

## Warum die Pflanzen selbst säen?

Neben dem potenziell spirituellen Erlebnis, Zeuge der Keimung zu werden, bietet die Aussaat einige Vorteile: Selbst gezogene Jungpflanzen sind insgesamt nachsichtiger, weniger zimperlich und stärker, sie tolerieren auch eine etwas gröbere Zuwendung und nicht ganz ideale Bedingungen. Man kann sie eine Weile auf die Fensterbank stellen, ehe sie in den Garten müssen. Aus Samen gezogene Cannabispflanzen bilden eine Pfahlwurzel aus, einen starken Anker, der für einen optimalen Transport der Nährstoffe aus der Erde in die Pflanze sorgt. Bei Stecklingen ist das ganz anders – Stecklinge entstehen aus von einer Mutterpflanze abgeschnittenen Zweigen, sie sind Reproduktionen älterer Pflanzen: Sie bilden keine Pfahlwurzeln, sondern ein feines Wurzelgeflecht und bieten deutlich weniger Spielraum, was suboptimale Bedingungen angeht. Aus Samen gezogene Pflanzen sind generell kräftiger und gesünder als Stecklinge. Traut euch! Fangt mit der Aussaat an!

## Mit dem Unerwarteten rechnen

Normalerweise kann man sich sicher sein, dass Samen, die man für die Aussaat im Garten kauft, stabil sind. Das bedeutet, dass jeder einzelne zu ungefähr demselben Ergebnis führt. Solche stabilen Samen müssen über Generationen hinweg gezüchtet und gekreuzt und dann durch Inzucht weitervermehrt werden, bis sie konsistent homozygot, das heißt reinerbig sind. Bei Cannabis ist dieses Level an Stabilität noch nicht erreicht, was vor allem daran liegt, dass moderne Zuchtprogramme – die rigoros und präzise sind – wegen des Verbots nicht stattgefunden haben. Beim Cannabisanbau lag der Fokus auf einem möglichst hohen Ertrag und dem Versuch, eine neue Sorte zu erzeugen, die einen wahnsinnig hohen THC-Gehalt hat, auf dem Markt einschlägt und einen Innovationspreis gewinnt – Stabilität war da nicht das Thema. Und warum sollte man seine Züchtungen auch penibel dokumentieren, wenn man damit, falls man aufflog, nur eine noch längere Gefängnisstrafe riskierte?

Anfangs fand ich diesen Grad an Sameninstabilität schockierend, vor allem, weil er so viel höher ist als bei allen anderen Pflanzensamen, die ich für den Garten kaufe. Doch inzwischen finde ich den Gedanken, dass bei Cannabis jeder Samen ein bisschen anders ist als der andere, irgendwie aufregend. Und ich bin nicht die Einzige; viele be-

trachten die Diversität in der Saatguttüte eher als etwas Besonderes statt als Makel. Die Pflanzen könnten sich als etwas ganz Neues und Besonderes entpuppen – und unerwartet viel Geld einbringen. Ich selbst bekomme dadurch das Gefühl, zu jedem meiner aus einem Samenkorn gezogenen Cannabisbabys eine ganz spezielle Beziehung zu haben.

Ich will mit meinem Gras nicht reich werden, ich möchte es noch nicht einmal verkaufen, aber ich mag es, meine Pflanzen kennenzulernen und sie großzuziehen, wie auch immer sie dann ausfallen. Nur zu eurer Information: Kommerzielle Anbauer arbeiten meistens mit Stecklingen, denn sie müssen aus Verkaufsgründen möglichst genau wissen, was sie ernten werden.

## Feminisiert versus regulär

Eine weitere Besonderheit der Samenauswahl bei Cannabis ist die Entscheidung zwischen regulärem und feminisiertem Saatgut. Cannabis ist zweihäusig, das heißt, es gibt weibliche und männliche Pflanzen. Das kommt in der Pflanzenwelt nur selten vor, und

Gesunde Cannabissamen sind bräunlich meliert und sollten sich fest anfühlen, wenn man sie zusammendrückt.

noch seltener ist es bei essbaren Pflanzen beziehungsweise Pflanzen mit essbaren Früchten. Zu den zweihäusigen gehören hier Spargel, Spinat, Dattelpalmen, Kiwisträucher, Maulbeer- und Kakibäume. Das war's auch schon. Abgesehen vom Spinat finden sich nur mehrjährige Pflanzen auf der Liste, keine einjährigen wie Cannabis. Bei Cannabis will man am liebsten nur die weiblichen Pflanzen haben. Die Blüten, die man am Ende raucht oder auf andere Art zu sich nimmt, sind unbestäubte weibliche Blüten. Werden die Blüten bestäubt (bei Hanf erfolgt das durch Wind), wird die Ernte Samen enthalten.

Samenfreies Gras, bekannt als *sinsemilla* (zusammengesetzt aus dem spanischen „sin semilla", also „ohne Samen"), tauchte in Amerika zum ersten Mal in den 1970er-Jahren auf. Woher die Methode des Aussortierens männlicher Sämlinge, um ausschließlich weibliche Pflanzen zu ziehen und unbestäubte – und damit samenfreie – Blüten zu erhalten, stammt, ist umstritten, aber sie hat den Anbau in den Vereinigten Staaten revolutioniert. Auf jeden Fall war samenfreies Gras ab diesem Zeitpunkt die Benchmark der heimischen Produktion.

Abgesehen davon, dass Samen im Gras total passé sind und es lästig ist, sie vor dem Rauchen herauszufischen, ist es offenkundig, dass durch die Anwesenheit männlicher Pflanzen auch Ertrag und Wirkstärke des Grases gemindert werden. Ein Grund dafür könnte sein, dass die weiblichen Pflanzen die vielen potenten Cannabinoide und duftenden Terpene erzeugen, um sich selbst vor Schädlingen zu schützen. Werden sie befruchtet, verlagert sich ihr Fokus allerdings auf das Gedeihen der Samen, und es bleibt weniger Kraft für die Cannabinoid- und Terpen-Produktion übrig.

Um eine rein weibliche Zucht zu garantieren, hat man zwei Möglichkeiten: Entweder man lernt, das Geschlecht der Pflanzen zu bestimmten, und siebt aus, oder man kauft feminisiertes Saatgut.

Um Saatgut zu feminisieren, werden weibliche Pflanzen durch Stress zu Hermaphroditen gemacht, indem man sie mit kolloidalem Silber oder einem Hormon behandelt. Hat man dann nur noch weibliche Pollen und weibliche Blüten, werden alle Abkömmlinge der Pflanze ebenfalls weiblich sein.

Irgendwie törnt mich der Gedanke an feminisierte Samen ab – allein schon wegen der eingesetzten Chemie und außerdem: Wie klingt das denn? Es heißt auch, Pflanzen aus feminisierten Samen seien nicht so robust und ertragreich wie solche aus regulärem Saatgut. Ich nehme daher immer reguläre Samen und rate euch, das auch zu tun. Es wird euch euren Pflanzen näherbringen. Ihr lernt, die Geschlechter zu unterscheiden, ein Prozess, der im Englischen *plant sexing* genannt wird. Das klingt doch schon viel besser.

Cannabispflanzen geben ihr Geschlecht zu erkennen, wenn sie blühen (dazu kommen wir in Kapitel 6, auf Seite 123). Aber es gibt auch eine Abkürzung.

Wer nicht so lange warten will, kann einen DNA-Test zur Geschlechtsbestimmung machen lassen, der ein paar Tage nach der Keimung durchgeführt wird. Damit spart man Wasser und Energie, die man sonst für das Aufziehen unerwünschter männlicher Pflanzen vergeudet. Allerdings kostet der Test Geld. Es gibt in den USA einige Labo-

Zum Bestimmen des Geschlechts einer Pflanze mittels DNA-Test reißt man ein kleines Stück von einem runden Keimblatt ab, das dann zerstoßen und an ein Labor geschickt wird.

re, die solche Geschlechtsbestimmungen für Pflanzen anbieten. Die Firma Phylos in Portland, Oregon, hat das nutzerfreundlichste Angebot für Anbauer kleiner Mengen im eigenen Garten. Ein Set mit vier Tests kostet dort knapp 60 Dollar. Das ist nicht gerade billig, aber es kann sich lohnen, wenn man a) große Angst vor männlichen Exemplaren hat (braucht man aber nicht, versprochen) oder b) sich unbedingt mal wie ein Wissenschaftler fühlen möchte (die Tests durchzuführen, macht wirklich Spaß).

Die Anleitung für den Test ist einfach: Die ersten Blätter, die nach dem Keimen der Samen sichtbar werden, sind die Keimblätter, die Kotyledone. Jedes Samenkorn bildet sie aus – es sind die runden kleinen Blättchen, die wachsen, ehe die Primärblätter der Pflanze sich zeigen. Mit einer Pinzette ein kleines Stück des Keimblättchens abzupfen (das schadet der Pflanze nicht) und auf einem speziellen Filterpapier zerdrücken. Das geht mit einem Stößel oder dem Griff eines Schraubenziehers. Diese Proben schickt man an das Labor. Das Ergebnis – männlich, weiblich oder männlich* (was im Grunde bedeutet, dass etwas schiefgelaufen ist und man die Pflanze lieber wegwerfen oder zumindest gut beobachten sollte) – kommt innerhalb von 48 Stunden. Und das Coolste daran ist: Keimblätter sind die einzigen Pflanzenteile, die kein THC enthalten, der ganze Prozess läuft also so ab, dass er den Bestimmungen des amerikanischen Controlled Substances Act entspricht, der bundesweit den Umgang mit bestimmten Substanzen regelt, denn hierbei wird garantiert kein THC über Landesgrenzen hinweg verschickt.

## Selbstblühende Sorten

Vielleicht werdet ihr auch vor die Wahl gestellt, selbstblühende Sorten zu kaufen, sie werden oft auch Autoflowering oder Automatics genannt. Fast alle Cannabissorten sind lichtsensitiv, das heißt, die Pflanzen beginnen die Blütenbildung, sobald zum Herbst hin das Tageslicht abnimmt. Einige Sorten jedoch haben sich auf eine von der Tageslichtmenge unabhängige Blütenbildung umgestellt. Dieses sogenannte Auto-Flowering bietet echte Vorteile für kommerzielle Indoor-Grower, die schnell ihre Ernte auf den Markt bringen wollen, um direkt die nächste Kultur zu starten. Aber ich möchte euch dazu ermuntern, die lichtsensitive Natur der meisten Cannabissorten zu akzeptieren und Selbstblüher links liegen zu lassen.

## Samen besorgen

Die einzige legale Quelle für Saatgut ist in den USA eine sogenannte Dispensary, eine lizensierte Ausgabestelle. Man ist auf die dortige Auswahl beschränkt, und das ist angesichts der überwältigenden Vielfalt, die es gibt, im Grunde ein Segen. Wenn man sich lieber auf all diese Vielfalt einlassen will, dann kann man den illegalen Weg gehen und online bestellen. Aber von mir habt ihr den Tipp nicht.

Die Hanfsamenkörner werden sorgfältig abgezählt in einer Plastikverpackung geliefert.

Macht euch auf saftige Preise gefasst. Während Tomatensamen etwa 4 Dollar pro 10 Stück kosten, muss man für 10 Cannabissamen bis zu 100 Dollar hinblättern, ob nun online oder in der Dispensary. Wieso sind sie so teuer? In einem Satz: Weil sie so lange verboten waren. Als es noch illegal war, ging man mit dem Züchten von Cannabispflanzen und dem Verkauf von Samen ein großes Risiko ein – daher ihr hoher Wert. Die Preise mögen für ein paar Samen schockierend sein, aber man muss bedenken, dass der Eigenanbau von Cannabis immer noch wesentlich günstiger ist, als Gras zu kaufen, sei es nun legal oder illegal. Eine superkonservative Schätzung der Menge, die man von einer einzigen outdoor gezogenen Pflanze erntet, beträgt 200 Gramm. In einem Laden würde dieselbe Menge etwa 1400 Dollar kosten, plus Mehrwertsteuer. Da erscheinen einem die 10 Dollar pro Samen plötzlich gar nicht mehr so unverschämt, stimmt's?

## Unterstützt einen regionalen Samenhändler

Ich habe nicht vor, hier bestimmte Cannabiszüchter oder die gesamte Cannabisindustrie niederzumachen. Wir alle sollten vor den Leuten, die während des Verbots in den letzten hundert Jahren dafür gesorgt haben, die Gene dieser Pflanze zu bewahren, den Hut ziehen. Jeder und jede, die in dieser Zeit Cannabis angebaut oder gezüchtet hat, ist ein ordentliches Risiko eingegangen und hat zum Erhalt der Vielfalt der Cannabispflanzen entscheidend beigetragen. Wir verdanken diesen Menschen sehr viel.

Aber die Sache ist die: Gute, wirklich gute Züchtungsarbeit ist ziemlich wissenschaftlich. Nerdig. Mühsam. Sie erfordert viel Aufmerksamkeit fürs Detail, jahrelange Perfektionierung und eine äußerst penible Dokumentation.

Es dauert mindestens drei bis vier Generationen, bis man aus Samen eine stabile Sorte erhält, in den meisten Fällen sogar bis zu zehn. Erst dann bringen alle Samen wirklich verlässlich identische Pflanzen hervor. Züchten ist ein Fulltime-Job.

Solange man Saatgut in den USA noch nicht über Ländergrenzen hinweg verkaufen darf, bekommt man Samen auf legalem Weg nur von Unternehmen, die sie innerhalb des eigenen Bundesstaates in einer Dispensary verkaufen. Selbst wenn sich diese Regelung ändern sollte, würde ich euch raten, bei Saatgutproduzenten in eurer Region zu kaufen, am besten einem, der seine Pflanzen im Freien kultiviert. Pflanzen passen sich im Laufe einiger Generationen dem Klima an. Deshalb gedeihen regionale Sorten oft besonders gut im eigenen Garten. Ein weiteres Zeichen für eine vertrauenswürdige Saatgutfirma ist es, wenn sie ihre Sorten genetischen Tests unterzieht und die Ergebnisse zugänglich macht, entweder auf ihrer Website oder auf den Verpackungen.

*Links*
Wässert man die Samen vor der Aussaat 24 Stunden lang, keimen sie schneller. Aber auf keinen Fall die Beschriftung vergessen!

*Rechte Seite*
Wenn man die Samen zuerst in feuchten Papiertüchern vorkeimen lässt, zeigt sich ihre Keimfähigkeit, und man braucht nicht abzuwarten, ob etwas aus der Erde kommt oder nicht.

# Zur Sache – Grundsätzliches zur Aussaat

- Damit der Anbau im Freien optimal gelingt, solltet ihr die Samen vorziehen, am besten gegen Ende des Winters oder zu Beginn des Frühlings, je nachdem, wo ihr wohnt. Das Timing beim Cannabisanbau entspricht dem bei Tomaten. Im Internet findet ihr zahlreiche Aussaatkalender, dort könnt ihr den richtigen Zeitpunkt für die Tomatenaussaat und das Umsetzen der Jungpflanzen in den Garten herausfinden. Die gleichen Angaben gelten auch für Cannabis. Tragt die Daten in einen Kalender ein.
- *Wenn ihr möchtet:* Die Samen 24 Stunden lang wässern, ehe sie in die Erde kommen. Das beschleunigt den Prozess und ist eine gute Idee, wenn man ungeduldig ist. Falls ihr allerdings dazu neigt, eure eingeweichten Samen zu vergessen, lasst diesen Schritt lieber weg, denn wenn man sie zu lange im Wasser lässt, können die Samen faulen. Zum Einweichen nimmt man am besten ein kleines Marmeladenglas, das man auf die Fensterbank stellt.
- Die Samen in passende Pflanzgefäße (ich verwende entweder 10 Zentimeter große Vierkant-Töpfe oder runde 4-Liter-Töpfe) mit frischer Aussaat- oder Pflanzenerde legen. Als Faustregel für fast alle Samen gilt: Man bedeckt sie so hoch mit Erde, wie die Körner breit sind.
- Ein paar Wochen können die Töpfe auf der Fensterbank verbringen, aber volle Sonne und frische Luft fördern ein gesundes Wachstum am allerbesten.

MANGO TREES
OG KUSH

- Haltet die Erde während des Keimungsprozesses durchgängig feucht. Das ist kein Hexenwerk. Einfach einmal am Tag mit Wasser besprühen oder auch seltener, falls die Töpfe im Freien stehen und es so kühl ist, dass die Erde feucht bleibt.
- Wenn möglich, schafft ein etwas wärmeres, sicheres Umfeld für eure Sämlinge. Das gelingt mit einem Gartenabdeckvlies, das Wasser und Licht durchlässt und eine gewisse Isolierung bietet. Oder ihr nehmt ein paar Plastikflaschen, schneidet den Boden ab und verwendet diese als Mini-Gewächshäuser. Ich persönlich habe mir für 30 Dollar ein kleines Gewächshaus geleistet. Wenn man die Samen im Freien abdeckt, schützt man sie zugleich vor Vögeln, Schnecken und anderen interessierten Tierchen.
- Zum Sommeranfang sind die Jungpflanzen weit genug, um direkt in die Erde oder die vorgesehenen Kübel gepflanzt zu werden. Auch hier könnt ihr euch am richtigen Zeitpunkt zum Auspflanzen von Tomaten in eurer Region orientieren. Weitere Infos zum Auspflanzen stehen auf Seite 142.

*Linke Seite*
Wenn man die Samen in kleine Töpfe sät, behält man leichter den Überblick. Und solche leichten Gefäße erlauben es, sie öfter hin- und herzubewegen, damit sie immer möglichst viel Sonne abbekommen. Bei mir ist es zum Beispiel so, dass die Sämlinge an ihrem späteren Bestimmungsort erst ab dem Frühsommer in voller Sonne stehen.

*Rechts*
Meine Babys standen in einem hüfthohen Plastikgewächshaus mit Reißverschluss, das sie in der ersten Zeit ein bisschen wärmte und vor Wettereinflüssen schützte.

# Stecklinge

# *Was das überhaupt ist, plus Tücken und Chancen*

Kapitel 5

Ein Cannabissteckling sieht zwar aus wie ein Pflanzenbaby, ist es aber nicht. Stecklinge sind exakte genetische Kopien ihrer Mutterpflanzen.

Falls ich euch noch nicht überzeugen konnte, eure Pflanzen von Anfang an selbst zu ziehen, könnt ihr euch alternativ auch eine lebende Pflanze – einen Steckling, auch *Klon* genannt – besorgen.

Wenn ihr schon einmal irgendetwas anderes im Gemüse- oder Kräutergarten angebaut habt, dann wisst ihr, dass man in der Gärtnerei zwischen Samen oder Setzlingen wählen kann. Man entscheidet sich für Samen und sät an, wenn man früh genug dran ist, und kauft Setzlinge, wenn es dafür zu spät ist. Ein Gemüsesetzling ist einfach ein Samenkorn, das jemand anderes zum richtigen Zeitpunkt in die Erde gelegt hat.

Bei Cannabis hat man die Wahl zwischen Saatgut oder Stecklingen beziehungsweise Klonen. Das mag sich wie die uralte Frage ‚Samen oder Setzling?' anhören, aber so ist es nicht. Denn ein Steckling ist etwas anderes als ein Setzling. Er ist eine exakte Kopie der Mutterpflanze.

Wenn man in der Gärtnerei nach Zierpflanzen sucht, hat man es fast immer mit Stecklingen zu tun: Ob einjährig oder winterhart, ob Chrysanthemen, Salbei oder knallige Petunien, fast alle Jungpflanzen sind Stecklinge, die von einer Mutterpflanze abgeschnitten, bewurzelt und großgezogen wurden. So ist es auch beim Cannabissteckling.

Ein Cannabissteckling gibt euch ein paar Garantien. Erstens könnt ihr sicher sein, eine weibliche Pflanze zu erwischen – was wichtig ist, wie wir gesehen haben (siehe Seite 103), um eine samenfreie Ernte zu erhalten. Ihr könnt also die Geschlechtsbestimmung auslassen. Bei Stecklingen bekommt man auf jeden Fall die exakte Kopie einer bekannten Pflanze. Das ist angesichts der undurchsichtigen Genetik von Cannabis schon viel wert. Da die Cannabissamen (noch) kein modernes Zuchtprogramm durchlaufen haben, sind sie noch nicht stabil, und für euch besteht keine Garantie, dass zum Beispiel eure OG-Kush-Hanfsamen sich alle gleich entwickeln – oder auch nur die geringste Ähnlichkeit mit dem OG Kush, an das ihr euch aus eurer Kifferzeit an der Highschool erinnert, haben werden. (Nicht, dass ihr tatsächlich noch so genau wüsstet, was ihr damals geraucht habt.)

Klingt toll, oder? Es klingt, als wären Cannabisstecklinge ein Selbstläufer. Aber sie haben auch ihre Tücken.

# Pflanzenpathogene

Was ihr über alle diese Pflanzenstecklinge – Chrysanthemen, Salbei, Petunien – vielleicht noch nicht wisst: In der Zierpflanzengärtnerei wird die Gewebekultur eingesetzt – wir sprechen hier von weißen Kitteln und Petrischalen –, um die Pflanzen von sämtlichen Viren und Pathogenen zu befreien. Egal ob Großbetrieb oder kleine Gärtnerei, die bewurzelten Stecklinge stammen aus einem sterilisierten Bestand, der jedes Jahr erneuert wird. Unvorstellbar, ich weiß, aber so verhindert die Branche die Ausbreitung von Krankheiten, die ganze Bestände vernichten können.

Nicht so bei Cannabis – bis jetzt. Obwohl die Gewebekultur an der Peripherie schon hier und da eingesetzt wird, ist sie noch nicht die Norm, und das heißt, Cannabissetzlinge sind nicht frei von Pflanzenpathogenen. Im Gegenteil, die virale Belastung nimmt von Jahr zu Jahr zu und kann sich irgendwann zerstörerisch auswirken. Werfen wir einen Blick auf die Geschichte: Der Zustand der Cannabisindustrie hat zurzeit große Ähnlichkeit mit der Zierpflanzengärtnerei von vor dreißig Jahren, vor Einführung der Gewebekultur. Damals waren bestimmte Arten wie zum Beispiel Geranien und Edellieschen – beides sehr verbreitete Blühpflanzen – aufgrund einer hohen Viruslast wesentlich anfälliger für Krankheiten als heute. Mittlerweile ist durch die Gewebekultur sichergestellt, dass die Pflanzen, die man im Gartenhandel kauft, aus sterilisiertem Bestand stammen. Bei Cannabis ist das anders: Züchter und Farmer vermehren ihre Mutterpflanzen immer noch selbst und sind sich dabei oft des Risikos für Krankheiten, die alles verderben können, gar nicht bewusst.

# Licht, Licht und nochmals Licht

Im Freien kann man ohne Lampen oder besonderes Zubehör aussäen, denn Samen sind jung und tolerant. Ihre Jugend macht sie widerstandsfähig gegen nicht ganz perfekte Bedingungen. Stecklinge dagegen sind nicht jugendlich. Sie sind kleine Abschnitte von ausgewachsenen Pflanzen. Und weil sie lichtsensitiv sind, können sie im Handumdrehen von der vegetativen Phase in die Blütephase übergehen. Indoor-Anbauer werden versuchen, euch Angst einzujagen, denn sie sind es einfach gewöhnt, das Leben ihrer Cannabispflanzen bis ins letzte Detail unter Kontrolle zu haben. Sie legen einen Schalter um, und schon fangen die Pflanzen an zu blühen, wechseln von der Wachstums- in die Blütephase (zur Begriffserklärung siehe Seite 155).

Aber solange ihr eure Stecklinge zur rechten Zeit in die Erde setzt – im späten Frühling oder zu Beginn des Sommers –, wird die Natur ihren Lauf nehmen, und alles sollte gut gehen. Härtet eure Stecklinge ab, ehe sie ins Freiland kommen (siehe Seite 120).

Indoor-Mutterpflanzen in der Dark-Heart-Gärtnerei in Oakland, Kalifornien.

# Wo es Stecklinge gibt

Genau wie die Samen kann man auch Stecklinge in den USA legal nur in einer lizensierten Dispensary kaufen. Auch hier gilt: Man muss sich eben auf die Sorten beschränken, die dort verfügbar sind. Ein paar wichtige Dinge gibt es zu beachten. Zuallererst: In seriösen Gärtnereien werden üblicherweise nur Pflanzen verkauft, die auch zu der entsprechenden Jahreszeit wachsen; mitten im Winter wird man dort keine vorgezogenen Tomatenpflanzen anbieten.

Bei Cannabispflanzen verhält sich das anders. Weil viel indoor angebaut wird, verkaufen die Dispensarys Stecklinge das ganze Jahr über. Ihr müsst also selbst darauf achten, die Stecklinge zum in eurer Region richtigen Zeitpunkt zu besorgen. Als Faustregel gilt: um den Muttertag herum, also Anfang Mai, pflanzen – oder mehrere Wochen nach dem letzten Frost.

# Die Stecklinge abhärten

Wenn ihr einen Steckling zum Anbau verwenden wollt, dann ist es äußerst wahrscheinlich, dass der kleine Kerl vor dem Verkauf rund um die Uhr unter künstlichem Licht gestanden hat. Ihm steht eine massive Umstellung bevor, wenn er von drinnen nach draußen ins Tageslicht wechselt. Am besten, ihr gewöhnt ihn sanft an die neue Umgebung, um einen Schock zu vermeiden. Diese allmähliche Umgewöhnung, auch Abhärten genannt, funktioniert bei Cannabis ähnlich gut wie bei allen anderen Nutzpflanzen, von Tomaten bis Bohnen, die man aus der Gärtnerei geholt hat und die vielleicht eine Zeit lang einem suboptimalen Umfeld ausgesetzt waren.

Zuerst müsst ihr dafür sorgen, dass der Steckling in einem guten Anbausubstrat, am besten frischer Pflanzenerde, steht, das ihn einige Tage ernähren kann, ohne alle paar Stunden neues Wasser zu brauchen. Stecklinge werden oft in Steinwolle gezogen (einem Material, das durch Verschmelzen und Schleudern von Steinen zu langen Fasern hergestellt und üblicherweise zur Wärmedämmung beim Bauen verwendet wird). Steinwolle speichert Wasser, trocknet aber superschnell wieder aus. Wenn man eine in Steinwolle stehende Pflanze auch nur kurz vergisst, wird sie beim nächsten Hinschauen verwelkt und abgestorben sein.

Als Nächstes härtet man die Stecklinge ab, indem man sie langsam, über die Dauer einer Woche, an die Bedingungen draußen gewöhnt. Dabei ist es hilfreich, die Töpfe auf Tabletts zu setzen, die das Tragen und Umräumen erleichtern. Stellt eure Stecklinge anfangs für eine Stunde an einen geschützten Ort im Freien, zum Beispiel auf eine Veranda, Terrasse oder einen Balkon, wo sie in voller Sonne stehen. Verlängert ihren Aufenthalt dort täglich um eine Stunde, sodass sie am Ende bei sieben Stunden, also voller Sonnenbestrahlung, angekommen sind. Falls euer Alltag euch daran hindert, das perfekte Abhärtungsprogramm durchzuziehen, dann macht es einfach, so gut es eben geht: In den ersten paar Tagen die Pflanzen gleich nach dem Aufstehen rausstellen und wieder hereinholen, ehe ihr zur Arbeit geht. Die nächsten paar Tage die Kleinen draußen im Schatten stehen lassen, während ihr weg seid, und wieder hereinholen, wenn ihr heimkommt. Und an den letzten Tagen an einen Platz stellen, der einen Teil des Tages in voller Sonne liegt. So klappt es auch. Es geht um irgendeine Art von sanftem Übergang, um den Schock der Umstellung abzumildern.

*Vorherige Seiten (links)*
Diese Stecklinge sind bereit für die Auslieferung an die Dispensarys, wo sie verkauft werden. Sie haben ihr bisheriges Leben vollständig unter künstlichem Licht verbracht und nie die Sonne gesehen. Stecklinge werden das ganze Jahr über für den Indoor-Anbau verkauft, für den die Jahreszeit keine Rolle spielt. Für den Anbau outdoor muss man auf die richtige Pflanzzeit achten – in der Regel der Frühsommer –, damit sie sich so entwickeln, wie man sich das vorstellt, und vor der Blüte zu großen, kräftigen Pflanzen heranwachsen.

*Vorherige Seiten (rechts)*
Häufig werden Cannabisstecklinge in Steinwolle gezogen.

*Gegenüber*
Ein paar Tage im Halbschatten zu stehen, härtet die Stecklinge ab und minimiert den Schock des Auspflanzens ins Freiland.

# Gras *im* Garten

Kapitel 6

Lange genug gewartet.
Jetzt geht's los.

Beim Hanfanbau läuft alles anders als sonst. Normalerweise fährt man in die Gärtnerei, kauft ein Exemplar der gewünschten Pflanze und trifft mit etwas Glück noch auf einen Mitarbeiter, der sich mit den Bedürfnissen besagter Pflanze auskennt. Nicht so bei Cannabis. In den USA kann man die Pflanzen nur in einer sogenannten Dispensary, einer offiziellen Ausgabestelle für Cannabisprodukte kaufen, und das ist meistens nicht die beste Adresse, um sich Anbautipps zu holen. Die Mitarbeiter dort wissen, wenn überhaupt, meist eher über den Indoor-Anbau Bescheid, und es kann gut sein, dass sie einem irgendwelche Märchen erzählen und mit Falschinformationen Angst einjagen. Auch im Internet finden sich jede Menge Tipps und Hinweise, aber viele sind sehr unzuverlässig. Ganz grundsätzlich betreffen die meisten Anleitungen den Indoor-Anbau.

Wie findet ihr also in der unübersichtlichen Grower-Szene die richtigen Partner? Sucht nach einem Growshop in eurer Nähe. Ja, natürlich, in den Growshops geht es eigentlich um den Indoor-Anbau, aber ich sage euch: Dort findet ihr die Experten. Dort treffen sich die Geeks. Ob sie nun selbst kiffen oder nicht, diese Leute sind fast alle dem Anbau von Cannabis verfallen. Sie kennen das regionale Klima und die verbreiteten Schädlinge. Sie haben oft mit kleinen Mengen und mit Leuten zu tun, die aus allen möglichen Gründen Gras kultivieren, die Ernte aber nicht verkaufen wollen. Sie sind echte Gärtner.

Sich mit anderen zu beraten, kann sehr hilfreich sein. Vergesst euren Stolz und lasst euch ruhig an die Hand nehmen. In meiner ersten Anbausaison kamen mir meine Erfahrungen als Gärtnerin zweifellos sehr zugute. Doch über Cannabis hört man so viele seltsame Sachen, die noch aus der Zeit des Anbauverbots stammen, dass man froh ist, wenn man ein paar Experten kennt, die einem bei Bedarf Tipps geben – oder wie in meinem Fall Erste Hilfe leisten und einem versichern, dass alles gut wird. Übrigens, falls ihr mal in der San Francisco Bay Area sein solltet, lohnt sich ein Besuch bei Berkeley Indoor Garden.

Das Geschäft existiert seit 1984, und die Betreiber haben seitdem einiges durchgemacht. 1989 zum Beispiel wurde der Laden im Zuge der Operation Green Merchant, einer Aktion der amerikanischen Drogenbehörde DEA zur Schließung von Läden, die mutmaßlich Zubehör für den Cannabisanbau verkauften, dichtgemacht. Die Mitarbeiter dort sind ausgesprochen erfahren im Händchenhalten. Aber seid gewarnt: So nett sie sind, im hinteren Raum haben sie ein Schwarzes Brett, an dem sie die absurdesten Sprüche ihrer Kunden sammeln. Mein Favorit ist: „Mom! – Ich hab doch gesagt, du sollst im Auto warten."

Jamal, einer der Mitarbeiter, war für mich während meiner ersten Anbausaison ein supernetter Berater, der mich sicher durch das Wirrwarr der Unterschiede zwischen Indoor und Outdoor geleitet hat. Er hat mir auch erklärt, warum viele der Infos, die ich von professionellen Anbauern bekommen hatte, auf meine sechs Pflanzen im Garten nicht unbedingt zutrafen. Wir sprachen über das Regionalwetter und die Vor- und Nachteile, vor dem ersten Unwetter im Herbst zu ernten. Von ihm ermutigt habe ich meinem Instinkt vertraut und den Blüten noch ein bisschen Zeit zum Reifen gelassen. Ich war zuversichtlich, dass sie nach dem Regen wieder trocknen würden. Und so war es auch.

## Macht euch ein Bild von euren Anbaubedingungen

Kommt mir nicht in ein paar Monaten damit, dass eure Pflanzen eingegangen sind, weil sie irgendeine seltene durch den Boden übertragene Krankheit hatten. Ich sehe das dauernd in Gemüsegärten, und es ist fast immer so, dass der Gärtner der Pflanze von Anfang nicht das gegeben hat, was sie brauchte. Sehr viele Probleme entstehen durch ungünstige Umweltfaktoren – zu viel oder zu wenig Sonne, zu viel oder zu wenig Wasser. Auch die liebevollste Zuwendung wird nichts nützen, wenn man eine Pflanze, die Sonne liebt, einfach in den Schatten stellt. Pflanzt von Anfang an umsichtig, denn wird Mutter Natur euch unterstützen, statt gegen euch zu arbeiten.

THE ENZYME STRIKES BACK
TO THE FUTURE
CANNA
Citrus Mix 6-3-3
Vegan Mix 3-2-2
Rose & Flower Mix 4-8-4
All Purpose 4-6-2
Vegetable Garden 4-4-4
Fruit Tree 6-2-4
Crab Meal 4-3-0
Shrimp Meal 6-6-0
Kelp Meal 1-0.1-2
Blood Meal 12-0-0
DOWN TO EARTH
CANNA

# Sorgt für Licht

*Linke Seite*
Ein Growshop verkauft zwar keine lebenden Pflanzen, ist aber vielleicht der beste Ort, um Expertentipps für den Cannabisanbau in eurer Region zu erhalten. Auf diesem Bild ist der Berkeley Indoor Garden in Berkeley, Kalifornien, zu sehen.

Cannabis ist ein sonnenliebendes, einjähriges Sommerkraut (ich benutze Kraut hier im botanischen Sinne: eine krautige, nicht verholzende Pflanze, die nach der Blüte abstirbt und verfällt). Falls ihr schon einen Platz oder ein Beet habt, wo Paprika und Tomaten gut gedeihen, dann solltet ihr dort auch euren Hanf platzieren. Falls nicht, sucht nach einer Stelle, die im Sommer volle Sonne bekommt (mindestens sechs Stunden direkte Sonneneinstrahlung am Tag). Um die Sonnenmenge festzustellen, notiert am besten einen Tag lang alle ein bis zwei Stunden die Lichtverhältnisse und achtet dabei auch darauf, wo Schatten hinfällt. Lasst die jahreszeitlichen Unterschiede nicht außer Acht. Kahle Bäume bieten im Frühjahr sonnige Plätzchen unter ihrer Krone, aber im Sommer werden diese Stellen oft von den Blättern beschattet.

Ja, genau so simpel ist es. Das ganze Indoor-Theater mit Pflanzenlampen und komplexen Lichtplänen fällt beim Anbau im Freien einfach weg. Der Sonnenschein bietet euren Cannabispflanzen das gesamte Lichtspektrum. Und noch besser: Weil die Sonne über den Himmel wandert und so verschiedene Blätter zu verschiedenen Zeiten beschienen werden, spart man sich alle möglichen absurden Schnittaktionen, die beim Indoor-Anbau nötig sind, um die Auswirkungen des statischen Lichts von oben auszugleichen.

*Rechts*
An diesem Geschäft bin ich hundertmal vorbeigefahren, ohne zu wissen, was es ist. Zuerst dachte ich, dort werden Zimmerpflanzen verkauft. Dann erfuhr ich, dass es dort um Hanfanbau geht, hatte damals aber kein Interesse. Inzwischen, Jahre später, gehe ich regelmäßig dorthin, um mir Zubehör und guten Rat zu holen.

Hanf braucht volle Sonne, also mindestens sechs Stunden am Tag – daran ist nichts zu rütteln.

# Beachtet die Regeln

Die Legalisierung bringt es zum Glück mit sich, dass mir und euch der entmutigende Teil vieler klassischen Cannabisratgeber erspart bleibt. Ich brauche euch nicht zu erklären, wie ihr am besten Wasser durch den Wald schleppt, und darüber bin ich sehr froh, denn ich habe keinen blassen Schimmer. Macht euch online schlau, welche Gesetze in eurem Land und in eurer Region gelten.

Irgendwann kommt dann der Moment, wo alles sehr real wird. Ich stand zum ersten Mal vor der Aufgabe, meine Pflanzen zu trocknen und zu curen (was genau das ist, könnt ihr ab Seite 194 lesen), und als mir bewusst wurde, welch starker Geruch dabei entsteht, war ich sehr unsicher, wo ich das am besten machen sollte. Denn obwohl der Grasanbau in meinem Bundesstaat völlig legalisiert wurde, ist er bundesweit immer noch illegal. Ich hatte keine Angst, im Gefängnis zu landen, aber als Mieterin mit einem Anwalt als Vermieter und einer Klausel im Mietvertrag, die illegale Drogen verbietet, war ich dennoch mit der Tatsache konfrontiert, dass dieses Vorhaben ein gewisses Risiko birgt. Eine kluge Frau hat mir einmal geraten, lieber hinterher Sorry zu sagen als vorher um Erlaubnis zu fragen, also machte ich weiter und hoffte, dass weder das eine noch das andere nötig sein würde. Aber es ist etwas, das ihr bedenken sollet, vor allem, wenn ihr – wie ich – einen risikoscheuen Ehemann habt.

# Denkt an Größe und Abstand

Wie groß das Ganze wird, liegt eigentlich ganz in eurer Hand. Alles ist möglich: Vielleicht habt ihr schon mal wahnsinnig große Cannabispflanzen gesehen. Es sind eher Bäume, und sie haben praktisch Stämme! Höchstwahrscheinlich wird das mit euren Pflanzen nicht passieren – da müsstet ihr sie schon direkt in die Originalerde des Garten Eden setzen. Diese Hanfbäume werden mit einem Trick – entweder organischer oder nicht organischer Art – zu diesem Wachstum gebracht. Im Bioanbau macht man das mit fast täglichen Gaben von Komposttee.

Neben dem Einfluss des Growers hängt die Pflanzengröße auch von der Sorte ab. Sativa-Sorten, die ursprünglich aus äquatorialen Gegenden stammen, wachsen in die Höhe und haben zarte, schmale Blätter, während Indicas – die aus nördlichen Klimazonen stammen – einen niedrigeren, buschigen Wuchs mit kräftigen Blättern aufweisen. Aber nicht vergessen: Durch die Hybridisierung sind die Unterschiede verwischt.

Allgemein gilt: Gebt ihr eurer Pflanze alles, was sie braucht, wird sie groß werden. Macht ihr irgendwo Abstriche – beim Licht, beim Wasser oder beim Düngen –, dann bleibt sie kleiner. Suboptimale Bedingungen öffnen zudem dem Mehltau und diversen Schädlingen Tür und Tor. Pflanzt euren Hanf schlicht und einfach in die pralle Sonne, und ihr werdet höchstwahrscheinlich keine Probleme bekommen.

Ich selbst bin ein großer Fan der Taktik, es bei der Größe nicht zu übertreiben. Als Gärtnerin weiß ich, dass größer nicht unbedingt besser ist. Beinahe zu Tode gestresste Tomaten aus dem Trockenfeldbau geben zum Beispiel alles, damit ihre Früchte so intensiv wie möglich schmecken, während zu stark gedüngte und gewässerte Tomaten eigentlich nach nichts schmecken.

*Rechte Seite*
Man braucht für die Hanfpflanze einen Platz, der groß genug ist, dass sie sich ausbreiten kann.

*Größer ist nicht unbedingt besser! Was für kleinwüchsigere Pflanzen spricht:*

- **Ich brauche gar nicht so viele Blüten.** Schon eine Pflanze, ohne viel Dünger gezogen, bringt nämlich viel zu viel Gras (so um die 200 Gramm).
- **Größere Pflanzen sind schwieriger zu pflegen.** Man braucht zum Beispiel eine starke Rankhilfe und muss auf eine Leiter steigen, um die Blüten zu überwachen und zu ernten. Wer will das schon?
- **Größere Blüten sind schwerer zu trocknen.** Übergroße Colas bedeuten nur, dass größere Genauigkeit und Sorgfalt nötig ist, um eine gleichmäßige Trocknung von innen nach außen sicherzustellen. Das Risiko für Fäulnis oder Schimmel steigt.
- **Größere Pflanzen ziehen mehr Blicke auf sich.** Vielleicht ist es euch egal, ich weiß es nicht, aber wenn ihr euer Marihuana lieber unauffällig anbauen wollt, dann sollten es nicht unbedingt Monsterpflanzen sein.
- **Größer ist nicht immer besser.** Fühlt euch nicht als Versager, nur weil ihr euch nicht darum bemüht, die größten Pflanzen zu haben. Ich kenne etliche Farmer in Humboldt County, die ihren Pflanzen extra Dünger und Wasser vorenthalten und eher Richtung Trockenfeld-Methode gehen, so wie man es auch bei Tomaten und Mais macht. Dahinter steht der Gedanke, dass Stress die Pflanzen zwingt, alle Kraft auf die Fortpflanzung zu richten – also wunderbare, aromatische Blüten hervorzubringen. Ich habe Hanffelder gesehen, auf denen die Pflanzen gerade mal 60 Zentimeter hoch waren. Die Farmer waren begeistert, weil sie wussten, sie würden die besten Blüten von allen ernten.

Ich will euch gar nicht überreden, eure Pflanzen unter Stress zu setzen, sie aushungern zu lassen oder ihren Wuchs auf andere Art zu hemmen. Aber geht nicht in die Falle zu glauben, größere Pflanzen wären besser. Es ist so: Die Größe variiert je nach Umfeld und eurem gärtnerischen Ansatz. Ihr seid auf der sicheren Seite, wenn ihr jeder Pflanze etwa 1,50 bis 1,80 Meter im Durchmesser gebt und damit rechnet, dass sie bis zu 2,50 Meter hoch werden kann. Das sorgt für ausreichend Platz zum Atmen – und der ist wichtig, um die Luftzirkulation zu gewährleisten und Probleme mit Schimmel und Mehltau zu minimieren. Gebt euren Hanfpflanzen im Zweifel lieber etwas mehr Platz als zu wenig. Übrigens ist das eine gute Faustregel für fast alle Gartenpflanzen. (Außer Sukkulenten – die sollte man dicht zusammenpferchen.) Und bitte nicht ärgern, wenn euer Hanf nicht 2,50 Meter hoch wird. Mein bestes Marihuana stammte manchmal von den kleinsten Pflanzen.

*Nächste Seiten (links)*
6 Millimeter dicke Tropfschläuche mit integrierten Löchern sorgen dafür, dass dieses Cannabisbaby von Anfang an die richtige Menge Wasser erhält.

*Nächste Seiten (rechts)*
Eine Kombi aus Cannabis und Sukkulenten – trendiger geht es kaum. Hier macht sich eine Hanfdame gut zwischen einer stachellosen *Agave attenuta* (Drachenbaum-Agave) und einem stark verzweigten *Aeonium decorum*.

# Was bringen Stofftöpfe?

Die preiswerten, leichtgewichtigen Pflanztöpfe oder -taschen aus Stoff sind ein Klassiker, wenn es um den Anbau von Cannabis in Pflanzgefäßen geht. Es wird behauptet, das Material dieser Taschen bewirke einen sogenannten Luftschnitt-Effekt, das heißt, wenn die Wurzeln an den Rand stoßen, wachsen sie nicht mehr, nehmen aber trotzdem weiter Nährstoffe auf. In anderen Gefäßen, zum Beispiel Kunststoff- oder Tontöpfen, wachsen die Wurzeln weiter, und die Pflanze kann „wurzelgebunden" werden. Das heißt, sie füllt den gesamten Topf mit Wurzeln aus, die Wasser und Nährstoffe viel schneller aufbrauchen, was zu Stress für die Pflanze führen kann. Ich bin von dieser Theorie allerdings nicht ganz überzeugt; solange das Pflanzgefäß groß genug ist (noch einmal: 60-Liter-Töpfe sind ideal), könnt ihr eure Pflanze in jeden beliebigen Behälter setzen. Schließlich lebt die Pflanze ohnehin nur eine Saison. Ich mache mir eher Sorgen, dass Pflanzen wurzelgebunden werden, wenn sie als schnell wachsende Babys in zu kleinen Töpfen stecken (denkt an die stressgeplagten Tomaten in den Gärtnereien), oder wenn Obstbäume jahrelang im selben Kübel stehen. Meine Cannabispflanzen sind in allen möglichen Gefäßen gut gediehen – inklusive solchen aus Plastik, Keramik und Stoff.

Was mir an den Stofftaschen gut gefällt, ist ihre Leichtgewichtigkeit, denn dadurch kann man sie ohne Weiteres durch den ganzen Garten schleppen, wenn sich im Laufe des Sommers die Lichtverhältnisse ändern. Und sie sind preisgünstig. Gut lagern kann man sie auch – einfach zusammenfalten und in eine Ecke schieben. Allerdings bin ich persönlich nicht unbedingt von ihrem Aussehen angetan, und ich finde, sie werden ziemlich schnell dreckig.

Stofftöpfe sind nicht die einzigen leichtgewichtigen Gefäße, die es gibt. Schaut euch doch mal in eurer Lieblingsgärtnerei (oder in einem Einrichtungsladen) nach Alternativen um. Falls eure Lieblingsbehälter keine Ablauflöcher haben, bohrt einfach selbst welche in den Boden.

*Rechts*
Viele Grower benutzen solche leichten, preisgünstigen Pflanztaschen. Ich habe hier noch ein paar kleinere mit Zinnien dazugestellt, um das Gesamtbild etwas aufzuhübschen. Sagen wir mal so: Meine Topfpflanzen waren auf der ersten Geburtstagsparty meines Sohnes der Hit.

*Nächste Seiten*
Cannabis sichtgeschützt hinter einem hohen Zaun in einem Garten in Marin County, Kalifornien.

## Wasser ist wichtig

Ein unkomplizierter Zugang zur Bewässerung ist essentiell. Ich zucke immer zusammen, wenn Leute mir erzählen, wie sehr sie sich schon aufs Gärtnern in diesem Jahr freuen, und mir schwören, dass es ihnen überhaupt nichts ausmacht, regelmäßig ein paar Kannen Wasser vom Küchenwaschbecken nach draußen zu tragen. Das klappt einfach nie. Wenn ihr außen einen Wasserhahn habt, schätzt euch glücklich. Ihr solltet dort einen Gartenschlauch mit einem Brausekopf anbringen. Kauft einen Schlauch, der nicht so leicht Knicke bekommt. Und denkt daran, jemanden mit dem Gießen zu beauftragen, wenn ihr mal weg seid.

## Tröpfchenbewässerung ist das Beste

Tropfsysteme funktionieren mit niedrigem Druck und geringem Volumen und bringen das Wasser ausschließlich dorthin, wo es gebraucht wird – zum Wurzelbereich der Pflanzen. Mit einer Tröpfchenbewässerung minimiert man die Verdunstung, die Unkrautbildung und alle Probleme, die durch zu viel Feuchtigkeit auftreten können. So ein Bewässerungssystem zu installieren, ist viel einfacher, als man denkt. Kauft im Baumarkt oder in der Gärtnerei ein Set und nehmt euch an einem Wochenende ein paar Stunden Zeit, um es einzurichten. Solche Systeme erfordern weder Installationserfahrung noch spezielle Werkzeuge. Holt euch im Laden auch gleich ein 2-Wege-Ventil, mit dem ihr die Leitung teilen könnt, um auf der einen Seite die Tröpfchenbewässerung anzubringen und auf der anderen Seite den normalen Gartenschlauch.

## Finger weg von Perlschläuchen

Bitte verwendet keine Perlschläuche, die über ihre gesamte Länge Wasser abgeben (normale Gartenschläuche reichen völlig aus). Oft werden Perlschläuche wegen der einfachen Installation aus Bequemlichkeit als Ersatz für ein Tröpfchensystem verwendet. Macht das bei euren Cannabispflanzen (und wenn ihr mich fragt, auch bei anderen essbaren Pflanzen im Garten) lieber nicht. Diese Schläuche sind aus recycelten Autoreifen gemacht und geben Giftstoffe in den Boden ab. Hanf ist bekannt als Bodensanierer, das heißt, er entzieht dem Boden giftige Stoffe – die Pflanze wurde zum Beispiel nach dem Atomunfall in Tschernobyl in der Ukraine zur Bodensanierung eingesetzt. Eure Pflanzen würden ihre Sache allzu gut machen und mit dem Wasser auch sämtliche Giftstoffe aufsaugen – Stoffe, die ihr beim Genießen eurer Ernte nicht unbedingt zu euch nehmen möchtet.

# Falls nötig, besorgt Pflanztöpfe oder -kästen

Pflanzgefäße sind eine sehr gute Wahl für einen sonnigen Balkon, bei nährstoffarmem Boden oder einfach nur, weil Cannabis in Töpfen sehr hübsch aussieht. Wie bei allem anderen, was ihr in Kübel pflanzt, müsst ihr für Ablauflöcher im Boden sorgen (nein, ein paar Zentimeter Kieselsteine reichen definitiv nicht als Drainage) und sicherstellen, dass der Topf groß genug für die Wurzeln ist – Cannabispflanzen brauchen mindestens 60 Liter Volumen. Und zur Pflanzzeit solltet ihr ausreichend Erde vorrätig haben. Bei schweren Kästen empfiehlt es sich, sie auf Pflanzenständer oder auch ein paar Ziegelsteine zu stellen, damit überschüssiges Wasser gut nach unten ablaufen kann.

# Den Boden vorbereiten

Als Gärtnerin, die auf organischen Anbau setzt, bin ich davon überzeugt, dass es besser ist, den Boden mit Nährstoffen zu versorgen als die Pflanzen. Dadurch entsteht insgesamt ein gesünderes Ökosystem. Und ehrlich gesagt bin ich eine faule Gärtnerin. Sobald ich meine Babys auf Erfolgskurs gebracht habe, lehne ich mich gerne zurück und lasse sie zeigen, was sie können. Zum Glück gibt es organischen Kompost und ein paar andere Bodenverbesserer (Zusätze, die den Boden hochwertiger und fruchtbarer machen), die sowohl mein Bedürfnis nach Bio als auch meine Faulheit unterstützen.

Kompost ist verrotteter organischer Abfall und die ultimative Nahrung für euren Boden, der dann wiederum die ultimative Nahrung für eure Pflanzen ist. Gebt beim Auspflanzen ordentlich Kompost in das Pflanzloch – das sollte für die ganze Saison reichen. Falls ihr in Kübeln anpflanzt, nehmt frische Pflanzenerde, statt die vom letzten Jahr wiederzuverwenden. Über durchgängige Düngung (die ehrlich gesagt überhaupt nicht nötig ist) spreche ich auf Seite 151.

Wenn ihr unbedingt noch mehr machen wollt, gibt es ein paar klassische, für Cannabis empfohlene Bodenverbesserer, mit denen ihr eure Erde anreichern können. Sie werden auch für alle möglichen anderen Nutzpflanzen verwendet, aber das spezielle Duo aus Fledermausguano und Knochenmehl ist besonders bei Cannabiszüchtern beliebt, weil es am Anfang das Wachstum stimuliert und zum Saisonende die Blütenbildung. Fledermausguano hat einen hohen Stickstoffgehalt und ist perfekt für die ersten Wochen des Wachstums. Knochenmehl enthält viel Phosphor, das den Pflanzen später im Jahr beim Blühen hilft. Man kann beides ohne Weiteres schon beim Pflanzen unter die Erde mischen, denn es dauert eine Weile, bis das Knochenmehl für die Pflanzen verfügbar ist, man braucht dann später nichts weiter zu tun – und hat für den Rest der Saison seine Ruhe.

*Nächste Seiten*
Hier reichere ich meine Erde mit Fledermausguano und Knochenmehl an – obwohl ehrlich gesagt auch stinknormaler Biokompost ausreicht, zumal der Abbau von Fledermausguano und der Einsatz von Knochenmehl im Biolandbau umstritten ist.

ALL NATURAL FERTILIZER
Bat Guano
9-3-1
The undisputed champion of all natural fertilizers, our nitrogen-rich Bat Guano also provides essential phosphorus and potash for vigorous vegetative growth and prolific fruit and flower development. Bat Guano is highly effective mixed into soils, applied as a side dress or steeped to make a potent guano tea or foliar spray.
DOWN TO EARTH
ALL NATURAL FERTILIZERS
Net Wt. 25lbs., 11.3 kg.
ALL NATURAL FERTILIZER
Bone Meal
3-15-0
COMPOST THIS BOX!
DOWN TO EARTH
ALL NATURAL FERTILIZERS
NET WT 6 LB (2.72 kg)

DOWN TO EARTH
Bat Guano
9-5-1

Um den Boden zu verbessern, grabt ihr die Erde mit einer Spatengabel um und zerkleinert größere Klumpen mit der Hand. Dann harkt ihr den Bereich glatt. Gebt eine 10 Zentimeter dicke Schicht Biokompost und eventuell weitere Bodenverbesserer darauf, harkt alles gut unter und zum Schluss wieder glatt. Voilà – euer Beet ist vorbereitet.

*Rechte Seite*
Grabt ein Pflanzloch, das etwa doppelt so groß ist wie der Topf, in dem die Pflanze steht.

## Ab in die Erde

Spendiert eurem kleinen Pflänzchen (ob Steckling oder Setzling) vor dem Umsetzen etwas Wasser und gießt auch die Pflanzstelle. Dann ist der Schock nicht so groß. Grabt ein Loch, das doppelt so groß wie das Hanfbaby ist, und steckt dann das Pflänzchen vorsichtig hinein, ohne die Wurzeln zu verletzen. Wenn ihr das Loch wieder auffüllt, sollte die Erde die Wurzel bis zum Stängelansatz bedecken. Dann gleich noch einmal gießen. Tretet dabei nicht zu nah an die Pflanze heran. Gesunder, lebendiger Boden braucht Sauerstoff, er muss atmen können, und wenn ihr die Erde festtretet, vermasselt ihr es.

Meine Lieblingstageszeit für das Auspflanzen ist der frühe Abend. Der Boden ist dann noch warm vom Tag, aber die gröbste Hitze ist vorbei, und die Sonne sticht nicht mehr. Die kleinen Pflanzen können sich in aller Ruhe im Laufe des Abends an ihrem neuen Platz einrichten. Wenn ihr die Pflanzen nicht am frühen Abend einsetzen könnt, dann macht es frühmorgens, denn auch da haben sie noch den Vorteil einiger Stunden mit gemäßigten Temperaturen. Und wenn es nicht anders geht als mitten am Tag, dann wartet auf einen nicht zu heißen, bewölkten Tag und stellt eventuell einen provisorischen Sonnenschutz auf (der mit einem Stock abgestützte Deckel eines Pappkartons reicht aus). Generell ist es am besten, die Pflanze beim Umzug an den neuen Standort so wenigen Extremen (also Sonne und Hitze) wie möglich auszusetzen.

## Breitet eine Schmusedecke aus

Eine Schutzschicht aus Mulch ist im Garten immer eine gute Idee. Sie hält die Feuchtigkeit im Boden, gleicht Temperaturschwankungen aus und hält Unkraut fern. Ich benutze kein Stroh, weil das oft Schnecken anzieht. Ich nehme lieber 7,5 bis 10 Zentimeter fein gehäckselten Rindenmulch oder eine ähnlich dicke Schicht zusätzlichen Kompost, den ich nicht unterharke.

*Nächste Seiten*
Lasst die Pflanze vorsichtig herausgleiten. Wenn sie feststeckt, den Topfboden leicht zusammendrücken, aber darauf achten, dass die empfindlichen Wurzeln der Pflanze nicht beschädigt werden.

# Wie viel gießen: Die große Preisfrage

Die einzig gültige Antwort auf die Frage „Wie viel muss ich gießen?" lautet: „Kommt drauf an." Wenn ihr jemals eine andere Antwort bekommt, egal um welche Pflanze es sich handelt, vergesst es. Die Wassermenge hängt vom Wetter, von der Bodenbeschaffenheit und von dem Zeitraum ab, den die Pflanze schon in der Erde ist.

Je jünger die Pflanze, desto flacher ihr Wurzelsystem, und desto öfter braucht sie Wasser, damit die jungen Pflanzen nicht austrocknen. Im Laufe der Zeit werden die Wurzeln dicker und robuster. Die meisten Pflanzen haben ähnlich viel Masse unter der Erde wie über der Erde, und sie werden immer stärker und kommen immer besser zurecht. Das heißt, sie müssen seltener bewässert werden. In den ersten Wochen der Eingewöhnung aber solltet ihr täglich nach euren Cannabispflanzen sehen.

Danach etabliert ihr am besten einen Rhythmus, der mit den Wetter- und den Bodenverhältnissen korrespondiert. Wenn es sonnig und windig ist, die Luft also wenig Feuchtigkeit enthält, werden die Pflanzen schnell trocken. War es ein paar Tage bedeckt, wird die Feuchtigkeit im Boden langsamer absorbiert. Ist euer Boden eher sandig, trocknet er schneller aus, während Lehmboden die Feuchtigkeit länger hält.

Ich kann zwar keinen Bewässerungsplan für euch aufstellen, aber ich kann euch eine simple Faustregel verraten: Gießt eure Pflanzen, wenn der Boden bis etwa 12 Millimeter unter der Oberfläche ausgetrocknet ist. Vergesst alle modischen Apps oder Messgeräte, sondern nehmt einfach euren Finger. Steckt ihn bis zum ersten Fingerknöchel in die Erde. Ist sie trocken, müsst ihr gießen. Das kann einmal in der Woche sein. Oder auch alle paar Wochen. Ideal ist höchstwahrscheinlich alle drei bis fünf Tage. Ausreichender Regen (bei dem der Boden mindestens 15 bis 20 Zentimeter tief durchnässt wird) zählt als Gießen.

Ich wässere fast alle meine Gartenpflanzen (sobald sie gut angewachsen sind) am liebsten durchdringend und dafür nicht so oft. Ich lasse die Tröpfchenbewässerung so lange an (etwa 15 Minuten), bis das Wasser bis unter die Wurzeln durchgesickert ist, denn dadurch wird ihr Wachstum angeregt. Beim Gießen von Kübelpflanzen höre ich erst auf, wenn das Wasser unter dem Topf herausläuft.

Wenn ihr mehrere Wochen nicht gießt, sterben eure Pflanzen ab. Aber gießt auch nicht zu viel. Zu nasse Pflanzen sind wesentlich anfälliger für Fäule und Mehltau. Lasst die Erde bis zum nächsten Gießen immer ein bisschen austrocknen. Ein Test, der mir gut gefällt, geht so: Ein bisschen Erde nehmen und mit beiden Händen zu einer Kugel formen. Dann hochwerfen und wieder auffangen. Bleibt die Kugel heil, ist die Erde noch feucht genug, zerfällt sie, wird es Zeit zu gießen.

Und ein letzter Rat: Haltet die Blätter möglichst trocken. Bei der Tröpfchenbewässerung ist das kein Thema. Beim Gießen mit der Hand geht ihr dicht an die Pflanze heran und richtet den Wasserstrahl auf die Erde, sodass ein Kreis in der Größe des Umfangs der Pflanze durchnässt wird.

So setzt man das Kleine in die Erde. Die Erde sollte mit dem unteren Stängelansatz abschließen.

# Schadens- und Schädlingsbekämpfung

Wenn ihr eure Cannabispflanze zur richtigen Jahreszeit in reichhaltige, durchlässige Erde an einen sonnigen und luftigen Platz pflanzt und sie nicht zu stark gießt, kann nicht viel schiefgehen. Probleme tauchen beim Indoor-Anbau wesentlich häufiger auf als draußen.

Auch wenn ihr im Garten wenig Erfahrung haben, traut euch ruhig, eure Pflanzen unter freiem Himmel anzubauen, und denkt daran, dass sie sich dort den Platz mit allen möglichen anderen Organismen teilen, von den Mikroben in der Erde bis zu Insekten und Vögeln. Euer Garten existiert nicht in einem Vakuum, und das sollte er auch nicht. Meistens vertragen sich da draußen alle ziemlich gut.

Ein bisschen Aufmerksamkeit macht viel aus. In der nachhaltigen Landwirtschaft besagt ein altes Sprichwort: „Der beste Dünger ist der Fußabdruck des Bauern." Oder der Bäuerin natürlich. Der Spruch gefällt mir. Das Allerbeste, was ihr tun könnt, um Problemen vorzubeugen, ist öfter mal nach draußen zu gehen, den Pflanzen Gesellschaft zu leisten und sie immer wieder eingehend zu betrachten.

Nichtsdestotrotz sollten wir einen Blick auf die gängigsten Probleme im Garten werfen und darüber sprechen, was zu tun ist, falls diese auftreten sollten.

*Tiere*

**Rehe** Ob man Probleme mit Rehen bekommt, hängt natürlich vom Standort ab. Während die Cannabinoide die meisten Pflanzenfresser abschrecken, ist das bei Rehen nicht der Fall. Zur Vorbeugung kann man organische Abwehrmittel versprühen (am besten wirken Sprays, die nach Knoblauch, Pfeffer oder faulen Eiern riechen) oder einen Zaun bauen.

**Schnecken** Die schleimigen Viecher knabbern am liebsten an jungen, zarten Blättern. Wenn die Pflanzen größer werden, stellen sie meist kein großes Problem mehr dar. Zur Vorbeugung streut man ein bisschen Schneckenkorn auf Basis von Eisen-III-Phosphat aus, ein auch im Bioanbau zulässiges Mittel. Sind die Tiere schon da, hilft Absammeln per Hand. Entweder macht man das abends oder nachts, wenn die Schnecken aktiv sind, oder man stellt eine mit Bier gefüllte Untertasse auf. Dann darf es euch allerdings nicht stören, sie darin sterben zu sehen.

**Spinnmilben** Diese Milbenart, die sich von Pflanzensaft ernährt, sammelt sich an den Unterseiten der Blätter. Mit bloßem Auge sind sie oft schwer zu erkennen. Zur Vorbeugung kann man für viele nützliche Insekten im Garten sorgen. Am besten geht das durch die Anlage einer Mischkultur, wie auf Seite 151 kurz beschrieben. Sind die Milben schon da, besprüht man die Blattunterseiten mit organischem Neemöl. Eventuell müsst ihr wiederholt sprühen. Achtet darauf, dass die Blüten nichts abbekommen, denn die Rückstände können das Aroma verändern.

**Weiße Fliegen (Mottenschildläuse)** Ihr werdet auf jeden Fall bemerken, wenn sich diese saugenden Insekten breitgemacht haben, denn bei jeder Berührung oder Bewegung der Pflanze (etwa leichtem Schütteln) fliegt eine Wolke winziger weißer Tierchen auf. Zur Vorbeugung oder Behandlung hängt man Gelbtafeln oder Gelbsticker in der Nähe der Pflanzen auf. Diese klebrigen Kärtchen locken die Fliegen an und reduzieren die Population ganz erheblich.

*Pilze*

**Grauschimmel (auch als Graufäule oder Botrytis bekannt)** Das ist wohl das häufigste Pilzproblem der Cannabis-Grower. Der Schimmel zeigt sich auf den Blüten als gräulicher Belag und wird flauschiger, wenn er sich ausbreitet. Ein Grauschimmelbefall lässt die Blüten faulen und macht sie unbrauchbar. Zur Vorbeugung sollte man dafür sorgen, dass die Pflanzen volle Sonne bekommen und nicht zu viel gegossen werden. Ist der Befall da, müssen alle betroffenen Zweige sorgfältig entfernt werden. Die Schere vor der nächsten Benutzung unbedingt mit Alkohol desinfizieren.

**Echter Mehltau** Wenn dieses Problem auftritt, sehen die Pflanzen so aus, als wären sie mit einem hellen Puder bestäubt worden. Der Pilz hemmt das Wachstum, und wenn sich überhaupt Blüten bilden, werden sie unbrauchbar sein. Zur Vorbeugung sollte man dafür sorgen, dass die Pflanzen volle Sonne bekommen und in luftigem Abstand voneinander stehen. Ist der Mehltau schon da, besprüht man ihn mit einer Lösung aus einem Teelöffel (ca. 5 Gramm) Natron und 4 Litern Wasser. Die Pflanzen immer wieder überprüfen und täglich sprühen, bis der Befall ganz verschwunden ist.

# Pflanzt ein paar Freunde dazu

Ein Ökosystem ist immer stärker, wenn es unterschiedliche Pflanzen enthält, die nebeneinander wachsen. Man nennt das Mischkultur. Anders ausgedrückt: Pflanzen haben gerne Freunde. Blumen und Kräuter bieten Lebensraum und Nahrung für Nützlinge wie Marienkäfer, Schlupfwespen und grüne Florfliegen, die sich hoffentlich damit revanchieren, die Schädlinge, die sich in euren Garten trauen, zu vernichten. Außerdem sind Blumen hübsch, und Kräuter duften gut – das sind doch Gründe genug, oder?

Es kursieren alle möglichen Theorien darüber, welche Begleitpflanzen für Hanf am besten geeignet sind. Ich kenne einen Farmer, der auf Schafgarbe schwört (hübsche kleine Blümchen mit ziemlich energischen Wurzeln), weil deren Wurzeln genau die richtige Konkurrenz darstellen, um den Überlebensdrang des Hanfs zu stimulieren, sodass er prächtig gedeiht.

Und ich kenne einen anderen Farmer, der gerne aromatische Kräuter wie Kamille oder Salbei zum Hanf pflanzt, weil er glaubt, dass die Terpene sich gegenseitig anstacheln. Ein dritter pflanzt Kartoffeln unter dem Cannabis, weil er überzeugt ist, dass die jene Mikroorganismen im Boden anlocken, die sich sonst vielleicht von den Cannabiswurzeln ernähren würden. Und viele Leute pflanzen am Rand ihrer Gärten

Gras im Garten

Blumen oder Kräuter zwischen den Pflanzen sehen hübsch aus, locken Nützlinge an und stärken insgesamt das Ökosystem. Hier gesellen sich orange blühende Kosmeen zum Hanf.

Sonnenblumen, um schädliche Insekten abzufangen, ehe sie die Hanfpflanzen erreichen. Super Theorien sind das, eine wie die andere. Aber eben nur das – Theorien, kein absolutes Muss. Pflanzt einfach das, was euch Freude macht.

## Seid vorsichtig mit Dünger

Viele übertreiben es maßlos beim Düngen ihrer Cannabispflanzen. Ernsthafte Grower brauen selbst Komposttee und setzen ihn jedes Mal dem Gießwasser zu. Ich rate euch von dieser Praxis entschieden ab, denn sie ist a) arbeitsintensiv und wird b) dazu führen, dass eure Pflanzen extrem groß werden (Gründe, die für mich gegen ein übertriebenes Wachstum sprechen, sind im Abschnitt über Größe und Raumbedarf auf Seite 129 aufgeführt).

Bleibt einfach locker. Mit organischen Produkten kann man nicht viel falsch machen. Sie werden schnell abgebaut, und es ist quasi unmöglich, die Pflanzen damit zu überdüngen und zu schädigen.

Für die Erde braucht ihr nichts weiter als guten alten Kompost, wenn ihr euren Hanf auspflanzt. Habt ihr keinen eigenen Komposthaufen, dann kauft euch einen Sack voll in der Gärtnerei. Ich nehme am liebsten Komposterde aus der Region, wegen des kleineren ökologischen Fußabdrucks und der sinnvollen Wiederverwertung regionaler Rohstoffe. Passt auf, dass man euch nicht aus dem Laden wirft, aber Komposterde beurteilt man am besten, indem man den Inhalt des Sacks anfasst und daran riecht. Kompost sollte dunkelbraun sein, sich wie Erde anfühlen und auch nach Erde riechen. Kauft nichts, was faulig riecht. Lest euch auf jeden Fall die Liste der Inhaltsstoffe durch. Eine möglichst große Vielfalt an Inhaltsstoffen ist gut, und auch Tierdung und Laubkompost sollten dabei sein. Macht einen Bogen um Produkte, die im Wesentlichen aus Rinde bestehen oder Schadstoffe wie Klärschlamm enthalten. Und noch eins: Der Kompost sollte sich nicht wie ein Sack Zement anfühlen.

Nehmt dazu noch eine Packung eures Lieblingsbiodüngers mit. Vielleicht will man euch jeweils einen speziellen Extradünger für die vegetative Phase und die Blütephase andrehen. Stickstoff (Nummer 1 auf der Liste von drei Inhaltsstoffen in jedem Düngemittel) wird während der Wachstumsphase vermehrt gebraucht, während Kalium (Nummer 3 auf der Liste) in der Blütezeit gefragt ist. Doch ehrlich gesagt reicht ein ausgewogener Biodünger für die gesamte Saison völlig aus. Streut oder gießt alle paar Wochen, oder wenn ihr gerade daran denkt, etwas davon um die Pflanze herum.

*Linke Seite*
Ein Rankgitter für Tomaten gibt euren Hanfpflanze den perfekten Halt.

# Ein bisschen Unterstützung

Es ist am Anfang schwer vorstellbar, aber eure hübschen kleinen Babys werden in den nächsten Wochen ganz beträchtlich wachsen. Gegen Ende ihres Lebens laden sich die Zweige dann noch ein paar Pfund klebrige Blüten auf und werden dadurch anfällig dafür, bei einem plötzlichen Windstoß oder einem frühen Regenschauer umzufallen oder abzuknicken. Deshalb können sie eine Stütze zum Anlehnen gut gebrauchen. Am besten baut ihr diese Stütze direkt beim Auspflanzen auf, dann lauft ihr später nicht Gefahr, die Zweige zu beschädigen, wenn ihr versucht, sie durch das Gitter zu fädeln.

Zwar würde ich niemandem dazu raten, beim Anbau von Tomaten diese dünnen Tomatenrankgitter zu verwenden – denn schon sehr bald sind die Triebe stärker als die Gitter, und noch vor Saisonende hat man ein Chaos aus verbogenem Metall und abgebrochenen Ästen –, für Cannabispflanzen sind diese Gitter jedoch geradezu ideal. Die Gitter sind in verschiedenen Stärken erhältlich – nehmt die stärkeren, wenn ihr es euch aussuchen könnt. So kann nichts schiefgehen. Die Gitter einfach beim Auspflanzen um die Pflänzchen herum in die Erde (oder den Kübel) stecken.

Wenn ihr penibler seid als ich und die Zweige gern an der Rankhilfe festbindet, dann achtet unbedingt darauf, dass die Schnüre locker sitzen, denn sonst schneiden sie in die Stängel, wenn die Pflanze wächst.

# Beschneiden

*Beschneiden* bedeutet, das Wachstum einer Pflanze durch das Abschneiden von Trieben unter Kontrolle zu halten. Lässt man es weg, wächst eine Hanfpflanze so wie ein Weihnachtsbaum – sie wird ziemlich hoch und verjüngt sich nach oben. Dann bildet sie eine Hauptblütendolde (Cola) aus. Ich verstehe den Reiz, die Pflanze einfach sich selbst zu überlassen, total. Man denkt: „Eine riesige Blüte? Vielleicht ist *das* endlich etwas, was meinen großen Bruder beeindrucken wird." Aber ich rate davon ab. Eine Riesenblüte ist kurz vor der Ernte wesentlich anfälliger für Schimmel und Mehltau. Die Dichte macht das Trocknen und Curen schwieriger. Ein paar umsichtige Schnitte sind wirkungsvoll und sorgen für eine einfache, unbekümmerte Ernte. Falls ihr von komplizierten Beschneidungstechniken gehört habt, entspannt euch. Die sind für den Indoor-Anbau relevant, bei dem die Grower bestrebt sind, die Pflanzen so zu gestalten, dass die statische Deckenlampe alle Blätter gleichmäßig bescheinen kann. Draußen sorgt der Lauf der Sonne dafür, dass die Pflanze rundum Licht bekommt.

Was ihr auf jeden Fall tun solltet: Den oberen Trieb abschneiden, wenn die Pflanze drei Blattpaare am Stängel gebildet hat. Macht den Schnitt knapp über dem dritten Blattpaar. Der Schnitt regt die Pflanze zur Teilung an, und sie bildet zwei kleinere Zweige statt nur den einen großen aus. Wartet ab, bis diese beiden wieder drei Blattpaare gebildet haben, und schneidet dann erneut. Das ist schon alles.

# Vegetativ und blühend – wie meinen ?

In den Foren zum Hanfanbau wird meist viel Aufhebens um die vegetative Phase und die Blütephase gemacht, weil die Grower auf Indoor-„Gärten" gepolt sind. Da ist dann immer die Rede von „der vegetativen Phase", um die Zeit vor der Blütenbildung zu beschreiben. Das gehört auch zum seltsamen Cannabis-Sprech, der den Eindruck erweckt, der Hanfanbau sei geheimnisumwoben und nur etwas für Eingeweihte. Ich habe nie den Gedanken gehabt, meine Gartenpflanzen befänden sich in der Phase der Vegetation oder der Blüte. Sie wachsen einfach.

Die einzige Parallele, die mir dazu einfällt, ist die determinierte Tomate. Für alle Nicht-Gärtner: Tomatensorten sind entweder determiniert oder indeterminiert. Indeterminierte Sorten wachsen, blühen und bilden Früchte aus, bis der erste Frost kommt. Determinierte Tomaten dagegen hören irgendwann auf zu wachsen und neue Triebe zu bilden. Sie stecken ab diesem Moment alle Kraft in die Blüten. Die Früchte bilden sich alle gleichzeitig und werden auch alle zeitgleich reif. Wachstum beendet. Und fertig.

Hanf ist solchen determinierten Tomatensorten sehr ähnlich. Er wächst zuerst, dann blüht er. Die Saison deshalb in zwei Phasen aufzuteilen, vor und nach der Blüte, kommt mir dennoch sehr willkürlich vor. Zu keinem Zeitpunkt hat man beim Hanf den Eindruck, es sei ein Hebel umgelegt worden. Der Prozess verläuft organisch und allmählich. Beim Indoor-Anbau legt man jedoch tatsächlich einen Hebel um: Man macht den Lichtschalter aus. Die Grower dimmen das Licht, um die Blütenbildung anzuregen. Sie imitieren damit die Sommersonnenwende, aber es ist ein plötzliches Ereignis. Draußen hingegen läuft dieser Vorgang auf natürliche Weise ab. Bis zur Sonnenwende bleibt es immer länger hell, und dann nimmt die Tageslichtdauer langsam – langsam! – wieder ab. Dazu muss kein Schalter betätigt werden. Die Pflanzen wachsen einfach. Und dann blühen sie. So wie Pflanzen es eben machen.

Hier stützt eine edle handgemachte Rankhilfe von Terra Trellis in Los Angeles eine wachsende Cannabispflanze und setzt gleichzeitig einen skulpturalen und farbenfrohen Akzent im Garten.

## Wird mein Kind davon high?

Cannabis wird erst nach dem Decarboxylieren, also dem Erhitzen, psychoaktiv. Roh hat es null psychoaktive Wirkung. Wenn also mein Kleinkind, oder euer Kleinkind, oder irgendjemandes Kleinkind in meinen Garten läuft und an einem Stängel, einem Blatt oder einer Blüte meiner Cannabispflanze knabbert, dann passiert rein gar nichts. Viel mehr Angst habe ich wegen meiner *Euphorbia characias,* der Palisaden-Wolfsmilch, die ich einmal aus ästhetischen Gründen gepflanzt habe, denn von ihrem Saft kann man erblinden.

*Rechte Seite*
Verwendet eine Gartenschere (oder einfach eine gewöhnliche Schere), um den Stängel abzuknipsen, sobald er mehrere Sprossknoten – *Nodi* in der Fachsprache – gebildet hat. Viele Grower meinen, drei sei die magische Zahl. Ich habe gewartet, bis es fünf waren, und ich würde sagen, meine Pflanzen sind trotzdem ganz schön magisch geworden.

# Haltet nach Blüten Ausschau

Irgendwann Ende Juni nach der Sommersonnenwende, wenn das Licht allmählich weniger wird, fängt eure Hanfpflanze zu blühen an. Der Moment, wenn ihr die erste Knospe entdeckt, ist ein Wahnsinn. Auch wenn ich vorhin ziemlich über die Unterscheidung von „vegetativen" und „blühenden" Zuständen gelästert habe: Es ist doch ein Erlebnis, wenn eure Pflanzen diesen Meilenstein erreichen. Ihr habt sie zu üppigen grünen Büschen herangezogen, und jetzt könnt ihr euch darauf gefasst machen, dass es zur Sache gehen wird.

# Geschlechtsbestimmung

Cannabisblüten zeigen sich in den Blattachseln der Pflanze oder, technischer ausgedrückt, in den Sprossknoten entlang des Stängels. In dieser frühen Phase kurz vor der Blüte könnt ihr die männlichen von den weiblichen Pflanzen unterscheiden und die männlichen entfernen, damit das Endprodukt samenfrei bleibt.

Die Blüten zu unterscheiden, ist überraschend einfach und unerwartet amüsant. Aus weiblichen Blüten sprießen dünne Härchen, die man Stigmen nennt. Männliche Blüten haben die Form kleiner runder Säcke. Ja, richtig gelesen. Die Unterscheidung ist also idiotensicher.

*Nächste Seiten*
Behaltet die Blattachseln im Auge, damit ihr die ersten Anzeichen von Blüten gleich entdeckt. Weibliche Blüten erinnern an Haarsträhnen (links), während männliche wie kleine feste Säckchen aussehen (rechts).

5
4
3
2
1

weibliche
Blüte

männliche
Blüte

## Keine Panik

Männliche Pflanzen sind keine Katastrophe. Stimmt, eine einzige männliche Pflanze produziert genügend Pollen, um die weiblichen Pflanzen in der gesamten Nachbarschaft zu befruchten (so wird es jedenfalls erzählt), aber so schnell geht das nicht. Die Pflanzen müssen bis dahin noch eine ganze Weile wachsen. Die männlichen Blüten öffnen sich frühestens nach einem Monat, wenn nicht noch später. Die meisten Grower entsorgen ihre männlichen Pflanzen trotzdem lieber früher als später auf den Kompost, um nicht Zeit und Geld mit der Pflege zu vergeuden. Ich lasse meine allerdings gerne noch ein bisschen stehen.

## Habt Spaß mit den Jungs

Hier kommen ein paar Tipps, was man mit den männlichen Cannabispflanzen alles anfangen kann:

*Entsaften*
Ich werde hier keine der bisher unbewiesenen Behauptungen über den angeblichen gesundheitlichen Nutzen roher Hanfblätter wiedergeben. Es gibt solche Behauptungen, so viel sei gesagt. Auf jeden Fall ist es absolut ungefährlich, die dunkelgrünen Blätter in euren Frühstücks-Smoothie zu mixen.

*Kinder machen*
Das Züchten im Garten ist komplett unnötig, macht aber jede Menge Spaß. Wenn ihr männliche und weibliche Pflanzen derselben Sorte habt, könnt ihr sie kreuzen und Samen erzeugen, so spart ihr euch im nächsten Jahr etwas Geld. Oder ihr kreuzt verschiedene Sorten miteinander und spielt Cannabislotto. Mal sehen, welche Überraschungen die nächste Saison dann bereithält.

Falls ihr züchten wollt, müsst ihr die männlichen Pflanzen rechtzeitig isolieren. Sie können anfangs noch eine Weile bei den weiblichen stehen, wenn die Knospen jedoch langsam wie ein Büschel praller Bananen aussehen, wird es Zeit, dass sie umziehen. Ich habe gesehen, wie sie in Schränken und Schuppen unterbracht wurden – sie brauchen nicht besonders gut zu gedeihen, sie müssen nur so lange weiterleben, bis sich die Blüten öffnen. Ihr könnt die Pflanzen einfach bis auf einen oder zwei Zweige zurückschneiden – das minimiert die Menge an Blüten, die platzen und Pollen verteilen –, sie in die Garage stellen und einmal in der Woche gießen.

Wenn die Blüten aufgehen, legt sich ein gelblich-weißer Staub auf die Blätter (und auf alles andere in der Nähe). Männliche und weibliche Pflanzen sind meistens zur gleichen Zeit zur „Paarung" bereit, das heißt, ihr könnt die Pollen mit einem Pinsel direkt auf die dicken Pompons der weiblichen Blüten aufbringen. Alternativ könnt ihr

*Rechts*
Werft die Blätter der männlichen Pflanzen mit Roten Beten, Karotten, einem Apfel und etwas Ingwer in den Entsafter. Ich kann nicht versprechen, dass ihr dadurch von allen euren Leiden geheilt werdet, aber schaden kann es ganz sicher nicht.

*Nächste Seiten*
Ein Weg, die männlichen Pflanzen zu isolieren, ohne eine versehentliche Bestäubung zu riskieren: Schneidet die Zweige einfach ab und stellt sie drinnen ins Wasser, so wie Schnittblumen. Sie wachsen dort weiter und fangen in der geschützten Umgebung des Hauses an zu blühen.

die Pollen auch vom Pinsel in ein trockenes, dicht verschließbares Gefäß schütteln und aufbewahren, bis ihr Zeit zum Bestäuben habt. Ihr könnt ein paar der Blüten zum Bestäuben auswählen und den Rest der Ernte samenfrei halten. Hängt ein Schildchen an die bestäubten Zweige, damit ihr später wisst, wo ihr nach Samen suchen müsst. Diese Zweige später auf keinen Fall abernten, sondern an der Pflanze vollständig ausreifen lassen. Die Faustregel ist: Die Samen sind etwa zwei bis drei Wochen nach der Ernte der samenfreien Blüten ausgereift (wann ihr diese ernten solltet, steht auf Seite 175). Wenn ihr nicht sicher seid, fischt mit den Fingern ein paar Samenkörner aus der Blüte heraus und schaut nach, ob sie schon eine bräunliche Farbe haben. Lagert die Samen kühl und dunkel, zum Beispiel im Gefrierfach, dann bleiben sie jahrelang keimfähig.

Blueberry
X
Mango

*Linke Seite, im Uhrzeigersinn von links oben*

Männliche Blüten platzen auf und überziehen alles, was in Reichweite ist, mit ihrem gelblich-weißen Pollenstaub.

Sammelt Pollen entweder auf einem dünnen Pinsel oder schüttelt den Staub von der Pflanze in ein Gefäß.

Die Zweige, die ihr zum Bestäuben auswählt, unbedingt mit einem Schildchen markieren, damit ihr ein paar Wochen später wisst, wo Samen zu finden sind.

Liebe ist süß: Bestäubt die weiblichen Blüten mit den Pollen.

# Lasst die Fächerblätter in Ruhe, zumindest die meisten

Jeder Grower hat seine eigene Meinung darüber, was mit den Fächerblättern – den Emblemen der Cannabiskultur – zu tun ist, während die Pflanze wächst. Manche schwören darauf, sie zu entfernen, um mehr Sonne durchzulassen, aber das ist eigentlich eher eine Maßnahme für den Indoor-Anbau. Andere sagen, man soll sie entfernen, damit die Pflanze mehr Kraft in die Blüten schickt. Mich überzeugt das nicht. Pflanzen entwickeln sich aus Gründen so, wie sie es tun. Ich traue eher der Evolution und lasse meinen Pflanzen ihre Blätter, um Fotosynthese zu betreiben, vor der Sonne geschützt

*Rechts*
Manche Grower entfernen Fächerblätter, wenn die Blüten reif werden, aber das muss wirklich nicht sein.

*Links*
Cannabisblätter in einem Blumenstrauß mit Echtem Salbei, Schokoladenblumen und Purpurblütigem Felberich.

*Rechte Seite*
Jetzt ist nicht viel zu tun; lehnt euch zurück und wartet entspannt darauf, dass euer Gras reif wird.

zu sein oder aus welchem anderen guten Grund auch immer diese Blätter da sind. Wenn die Erntezeit naht, färben sich viele Fächerblätter von ganz alleine gelb, und manche fallen ab. Keine Sorge – das ist nur ein Zeichen dafür, dass sich die Pflanze jetzt tatsächlich ganz auf die Blüten konzentriert.

Was nicht heißen soll, dass ihr nicht dann und wann ein paar Blätter entfernen dürft, wenn es euch Spaß macht. Ich finde, Cannabisblätter machen sich ganz wunderbar in Blumensträußen und -gestecken.

## Ein Geduldspiel

Jetzt ist der Zeitpunkt der Saison erreicht, wo nicht mehr viel zu tun ist, außer die Pflanzen zu wässern und zuzuschauen, wie die Natur ihren Zauber vollbringt. Gärtnerisch gesehen ist das meine Lieblingsjahreszeit – wenn sich alles schnell und wild verändert, die Blüten mit jedem Tag prächtiger werden und einen immer stärkeren Duft verströmen. Herzlichen Glückwunsch – ihr habt nun Cannabis angebaut.

# Ernten, trocknen, curen *und* trimmen

Kapitel 7

Der Anbau
ist nur die
halbe Strecke.

Obwohl ich immer sagen würde, dass der Weg das Ziel ist, soll der Cannabisanbau zumeist doch eine nutzbare Ernte einbringen, also konsumierbare, gleichmäßig getrocknete Blüten mit so wenig harzfreien Pflanzenteilen wie möglich. Wünscht man sich ein Produkt, das nicht zu herb ist, gut schmeckt und high macht, dann muss man wissen, wann die richtige Zeit zum Ernten ist, wie man die Blüten gleichmäßig trocknet, welche Pflanzenteile entfernt werden müssen und wie man sein Gras richtig lagert, damit sich der Geschmack verfeinert und es sich gut hält.

Wie jeder Grower schnell merkt, ist das Ziehen der Pflanze nur der halbe Weg – die echte Hauptarbeit kommt danach.

Pflanzen, die nach der Ernte noch jede Menge Arbeit machen, haben mir bisher wenig Freude bereitet. Am schlimmsten war es bei Quinoa, einer der pflegeleichtesten Nutzpflanzen, die ich je im Garten hatte – ihr macht Trockenheit nichts aus, und sie ist in jeder Hinsicht unkompliziert. Aber nur bis zur Ernte. Dann wurde mit klar, dass es mit dem erfolgreichen Anbau noch lange nicht getan war. Zuerst kam das Trocknen; das war geradezu ein Kinderspiel verglichen mit dem anschließenden *Dreschen* und *Worfeln.* Wisst ihr überhaupt, was Dreschen und Worfeln bedeutet? Ich wusste es nicht. Beim *Dreschen* wird das Getreide aus den Ähren gelöst, und beim *Worfeln* trennt man buchstäblich die Spreu vom Weizen, die Körner werden gereinigt. Das Dreschen ging relativ einfach: Ich habe die Stängel zwischen den Handflächen gerieben, und Körner und Spreu fielen heraus und landeten in den großen Schüsseln, die ich aufgestellt hatte. Aber das Worfeln war eher eine Katastrophe. Ich stellte einen Ventilator auf und platzierte ein großes Backblech davor. Da die Körner schwerer sind als die Spreu, ließ ich immer eine Handvoll von meinem Dreschgut vor dem Ventilator aufs Blech rieseln, wo nur die Körner landeten, während die Spreu „wegwehte". Leider habe ich das Ganze drinnen gemacht. Drinnen weht nichts „weg". Der ganze Raum war hinterher mit einer dünnen Schicht aus Quinoa-Spreu bedeckt, und ich brauchte mein Asthmaspray, weil das Einatmen der vielen winzigen Partikel bei mir eine akute Atemnot auslöste. Am Ende hatte ich gerade mal eine halbe Tüte Quinoa und beschloss, den Anbau dieses Getreides künftig lieber wieder den Bauern zu überlassen.

Es gab im Anbauprozess einen Moment, der sich so ähnlich anfühlte wie mein Quinoa-Debakel. Der Cannabisanbau ist von Geheimnissen umwittert, hauptsächlich weil er so lange nur indoor und im Verborgenen stattgefunden hat, aber wenn man draußen anbaut, erkennt man schnell, wie einfach es eigentlich ist. Die Samen keimen gut. Solange die Pflanzen etwas liebevolle Zuwendung (plus Wasser, Sonne und eine halbwegs durchlässige Erde) bekommen, geht alles wie von selbst. Ich klopfte mir auf die Schulter und fragte mich, ob ich Cannabis nicht vielleicht professionell anbauen sollte.

Dann wurde mir klar, was nach der Ernte noch auf mich zukommen würde

Von den Anbauern, denen ich begegnete, hörte ich, dass die Ernte zuerst die gesamte Nachbarschaft und dann das ganze Haus vollstinken würde. Ich vertiefte mich in Online-Foren von Indoor-Growern, wo die Ausrüstung für das Trocknen und Curen beschrieben wird, zu der unweigerlich Kohlefilter und weiteres teures Zubehör gehören. Ich sagte die geplante Reise an die Ostküste ab, weil mir dämmerte, dass ich mein Gras in den kommenden Wochen regelmäßig auf Schimmel untersuchen musste. Mein Ehemann erklärte mir, dass mein Projekt ihm allmählich das Leben schwer machte, und bat mich inständig, etwas zu unternehmen, damit er nicht mehr jeden Tag, wenn er zur Arbeit ging, so roch, als käme er geradewegs vom Hotboxing.

Ich rastete kurz aus. Ich rief hektisch alle Homegrower an, die ich kenne, und fragte, ob sie gegen einen Anteil an der Ernte mein Gras für mich trocknen wollten, denn ich selbst rauchte ja eigentlich sowieso nicht. Schließlich riss ich mich am Riemen und sagte zu mir selbst: Los, komm schon, Johanna – du kriegst das hin.

Und dann stellte sich zum Glück heraus, dass es doch gar nicht so schwer ist – und das wird euch nicht anders gehen. Klar, es macht euch ein bisschen Arbeit, aber da ihr ja nur ein paar einzelne Pflanzen im Garten habt, hat diese Arbeit rein gar nichts mit dem Albtraum zu tun, der auf Leute zukommt, die im großen Stil anbauen. Ihr braucht

## Gras anbauen ist wie Kinder großziehen

Obwohl ich den Grasanbau weiter vorne mit dem Anbau von determinierten Tomaten oder mit Quinoa verglichen habe, trifft es für Neulinge vielleicht der Vergleich mit dem Großziehen von Kindern am besten. Als mein Sohn gerade frisch geboren war, haben alle gesagt, ich solle mich auf meinen Instinkt verlassen. Bei diesem Rat wurde mir angst und bange. Ich sprach darüber mit einer Freundin, die sowohl Krankenpflegerin als auch Anthropologin ist, und sie erklärte mir, dass Studien zufolge die sogenannten Instinkte großenteils auf Erfahrung beruhen. Es ist daher reichlich viel verlangt, einer jungen Mutter, die noch keinerlei Erfahrung mit dieser Rolle hat, zu sagen, sie solle auf ihren Instinkt hören. Instinkte entwickeln sich erst im Laufe der Zeit. So war es auch bei mir. Nach ein paar Monaten konnte ich den Input von außen – die Anleitungen, die Tipps, die guten Ratschläge – einschätzen und nutzen, denn ich entwickelte immer mehr ein Gespür dafür, was mein Baby brauchte.

So ähnlich ist es auch mit Cannabis. Von überall bekommt ihr ganz genaue Tipps, wie bei den einzelnen Schritten am besten vorzugehen sei, vor allem was das Ernten und Trocknen betrifft. Das Entscheidende werdet ihr jedoch letztendlich von euren Pflanzen lernen. Ihr werdet sie berühren und ihren Geruch kennenlernen. Ihr werdet Cannabis anbauen, ziemlich gutes Gras ernten, und alles wird gut werden.

kein Team von Arbeitskräften einzustellen; vermutlich braucht ihr noch nicht einmal ein Zimmer im Haus leer zu räumen. Je nachdem, wie wohlgesonnen oder ablehnend die Menschen, mit denen ihr zusammenlebt, dem Projekt gegenüberstehen, braucht ihr womöglich noch nicht mal einen Filter, um den Geruch zu eliminieren. Mit dem richtigen Timing könnt ihr wahrscheinlich sogar eure geplante Reise antreten. Und ganz bestimmt werdet ihr kein Asthmaspray brauchen.

# Einen Trockenraum einrichten

Ehe ihr den ersten Schnitt macht, müsst ihr überlegen, wo ihr eure Pflanzen aufhängen wollt. Das Trocknen ist entscheidend. Euer Ziel ist eine gleichmäßige Trocknung über 10 bis 14 Tage in einer Umgebung mit minimalen Temperaturschwankungen. In dieser Zeit verliert euer Gras seine Feuchtigkeit, aber die Cannabinoide und Terpene bleiben erhalten. Optimale Bedingungen herrschen in einem dunklen Raum mit einer gleichbleibenden Temperatur zwischen 15,5 und 21 °C und einer Luftfeuchtigkeit von 50 bis 65 Prozent. Die hier angegebenen Spannen sind groß und entsprechen den unterschiedlichen Werten, auf die unterschiedliche Experten schwören. Ich habe festgestellt, dass man da einen gewissen Spielraum hat. Kleine Abweichungen nach oben oder unten machen noch nichts kaputt. Je nach lokalem Klima und den Konditionen in eurem

Trockenraum müsst ihr den Trockenprozess eventuell beschleunigen oder verlangsamen. In sehr heißen und trockenen Gegenden, wie im Südwesten der USA zum Beispiel, mindert ein zu schnelles Trocknen die Qualität des Cannabis. Dort ist ein Luftbefeuchter nötig. In feuchtkalten Regionen hingegen, etwa im Pazifischen Nordwesten, kann eine Ernte, die nicht zügig genug trocknet, schimmlig werden. Dort muss man vielleicht mit einem Luftentfeuchter und einem Ventilator nachhelfen, damit es schneller geht.

Eine Garage, ein Keller, ein Schuppen oder ein Schrank sind üblicherweise geeignete Orte. Mithilfe von Luftbe- oder -entfeuchtern, Ventilatoren oder Heizlüftern könnt ihr die Bedingungen optimieren. Leistet euch am besten ein preiswertes Gerät zum Messen von Temperatur und Luftfeuchtigkeit (ein sogenanntes *Thermo-Hygrometer*) und testet damit eure verschiedenen Trockenraum-Optionen, um den besten Platz zu finden. Der Raum sollte sauber sein. Wenn es dort ein Problem mit Schimmel gibt, dann müsst ihr einen anderen Raum finden, da hilft nichts. Gute Belüftung ist wichtig, aber ein starker Luftstrom, der die Pflanzen direkt trifft, ist auch nicht gut. Ein kleiner Schwenkventilator, der von den Pflanzen abgewandt platziert wird, reicht aus.

Überlegt euch, wie viel Platz ihr zum Trocknen eurer Ernte braucht. Der Raum muss groß genug sein, damit die Zweige hängen können. Sie können ruhig dicht nebeneinander hängen, sollten sich aber nicht berühren, oder wenn, dann nur ganz leicht. Ihr könnt Leinen zwischen die Wände spannen oder einfach einen (oder zwei) Wäscheständer benutzen.

Zu guter Letzt: Macht euch auf den Geruch gefasst. Vielleicht ist das für euch gar kein Problem, aber ihr solltet wissen, dass sich dort, wo das Gras hängt, während der Trocknungszeit ein durchdringender Geruch ausbreiten wird. Ihr könnt euch darauf verlassen, dass er wieder völlig verschwindet, sobald die Blüten in Gläser gefüllt und verstaut sind. Die einzige Möglichkeit, den Geruch loszuwerden, ist ein Rohrventilator mit Aktivkohlefilter. Beides bekommt ihr online oder im Growshop. Die Geräte kosten zwischen hundert und mehreren hundert Dollar, je nachdem, wie groß der Raum ist, in dem sie eingesetzt werden sollen. Und sie machen Krach. Falls man sie nicht an der Decke anbringt, ist ihre Installation etwas heikel. Ich wollte nicht riskieren, dass mein Kleinkind seine Finger in den Ventilator steckt, deshalb habe ich mich gegen so ein Gerät entschieden.

## Die Ernte naht

Die meisten Cannabissorten reifen zwischen August und November. Ihr werdet merken, dass eure Pflanzen stärker riechen und klebriger werden. Sie wirken dann plötzlich wie fremde Wesen. Ein Zeichen, dass alles so läuft, wie es soll. Es gibt unterschiedliche Methoden, um zu bestimmen, wann das Gras erntereif ist. Oft wird dazu geraten, mit einer Lupe nachzuschauen, ob die Trichome – die pilzförmigen Harzdrüsen, die die Blüten umgeben – nicht mehr klar, sondern milchig geworden sind. Ich habe mir für wenig

*Linke Seite*
Äußerst fotogen zum Trocknen aufgehängtes Gras. Leider lief es im echten Leben nicht ganz so gut.

## Hier kommt der hässliche Teil

Da ich unbedingt wollte, dass dieses Buch superschön wird, hatte ich eigentlich vor, mein Gras in einem kleinen begehbaren Kleiderschrank bei mir zu Hause zu trocknen, den ich extra dafür ausgeräumt hatte. Schlichte weiße Wände, dazwischen gespannte Schnüre, eine Juteplane, die den Schmutz auffängt – es sah perfekt aus. So würde auch Martha Stewart, Amerikas beste Hausfrau, ihr Gras trocknen, da war ich mir fast sicher.

Aber es roch im Haus. Stark. Ich persönlich fand, es roch toll. Mein Mann, die Spaßbremse, war allerdings gar nicht begeistert. Also zog die ganze Veranstaltung in einen unverputzten Keller um, den wir als Lagerraum und zum Wäschetrocknen benutzen. Ich kaufte eine frei stehende Kleiderstange und brachte noch ein paar Haken an, um mehr Gras aufhängen zu können. Ich brauchte überhaupt keine Hilfsmittel. Es funktionierte perfekt. Allerdings sieht mein Trockenraum jetzt so aus wie alle anderen: hässlich.

Geld eine Juwelierlupe angeschafft und hatte viel Spaß beim Betrachten der Trichome aus nächster Nähe – echt abgefahren! Aber die Sache ist die: 3-D-Vergrößerungen von Trichomen haben gezeigt, dass der milchige Eindruck vom Standpunkt abhängt. Das heißt, was aus dem einen Blickwinkel undurchsichtig wirkt, kann aus einem anderen vollkommen klar sein. Kauft euch also ruhig eine Lupe, wenn ihr ein bisschen Spaß damit haben wollt, nötig ist sie jedoch nicht. Übrigens, falls ihr großartige 3-D-Aufnahmen von Gras sehen wollt, dann schaut euch die Arbeiten von Erik Christiansen alias @erik.nugshots auf Instagram an.

Letztendlich gibt es zwei Methoden, um die Reife zu überprüfen, die mir gefallen – die eine, weil sie sehr akkurat ist, die andere wegen ihres Namens. Und grundsätzlich gilt: Falls ihr Zweifel habt, wartet einfach noch eine Woche.

**1. Die Stigma-Methode**
Geerntet wird, wenn die Hälfte der Stigmen (diese kleinen haarigen Strähnen) braun verfärbt und die andere Hälfte noch weiß ist. Ja, so einfach ist das.

**2. Die Drückdichglücklich-Methode**
Drückt die Blüten zwischen zwei Fingern zusammen. Fühlen sie sich schwammig an, sind sie noch nicht so weit. Sobald sie nicht mehr nachgeben, könnt ihr loslegen.

### *Was man mit Fächerblättern anfangen kann*

Manche Grower finden es megawichtig, die Fächerblätter vor der Ernte zu entfernen. Andere nicht. Viele Blätter fallen ohnehin von selbst ab, wenn sich der Sommer dem Ende zuneigt. Für das Endprodukt werden die Blätter nicht benötigt, daher können

sie ruhig entfernt werden. Man braucht dafür keine besonderen Werkzeuge – ihr könnt die Blätter einfach mit den Fingern abknipsen. Sie dranzulassen ist dann vor Vorteil, wenn das Klima bei euch sehr trocken ist und ihr fürchtet, dass eure Pflanzen beim Trocknen zu wenig Feuchtigkeit bekommen könnten. Frisch geerntete Pflanzenfasern geben Feuchtigkeit an die Luft ab, das heißt, die Fächerblätter können den Trocknungsprozess verlangsamen. Bei mir in der Bay Area funktioniert beides. Da ich im Zweifel für eine langsamere Trocknung bin, lasse ich die Blätter meistens dran, dann brauche ich weder einen Luftbe- noch einen Luftentfeuchter, um zwischen 60 und 65 Prozent Luftfeuchtigkeit zu erreichen. Achtet aber darauf, alle schimmeligen, gelben oder anderweitig angegammelten Blätter abzumachen.

*Vorherige Seiten*
Bei jeder der Blüten auf den vorangegangenen Seiten sind etwa die Hälfte der Stigmen, also der kleinen Härchen, abgestorben und braun geworden, während die anderen noch weiß und biegsam sind. Gut zu sehen sind auch die kleineren Zuckerblätter, die direkt aus den Blüten wachsen, während die Fächerblätter an den Zweigen sitzen.

*Flushen ist nicht nötig*

Falls ihr viel über Indoor-Anbau gelesen habt, wisst ihr, dass viele Grower ihre Pflanzen spülen, auch „flushen" genannt. Das heißt, sie lassen ein paar Wochen vor der Ernte reines Wasser durch die Töpfe laufen, um sicherzugehen, dass alle überflüssigen Düngerrückstände ausgewaschen werden und keinen Einfluss auf den Geschmack des Endprodukts nehmen können. Wenn ihr meiner Anbaumethode gefolgt seid, dann habt ihr eure Pflanzen in gut vorbereitete Erde mit viel Kompost und sonst nichts gesetzt. Daher besteht gar kein Risiko einer Nährstoffanreicherung – vor allem nicht das einer Anreicherung von synthetischen Nährstoffen –, und ihr könnt diesen Schritt getrost weglassen. Tut einfach so, als hättet ihr noch nie davon gehört.

# Erntezeit

Wenn ihr keine riesigen Cannabisbäume gezogen habt, ist es gut, alle Blüten auf einmal zu ernten. Farmer und ernsthafte Grower ernten vor Sonnenaufgang, weil das Sonnenlicht die flüchtigen Terpene freisetzt und die ganze Angelegenheit dadurch noch klebriger wird. Es ist total okay, nach Sonnenaufgang zu ernten, aber versucht, es zu machen, solange es noch einigermaßen kühl ist. Falls eure Pflanzen doch riesengroß sind (also so hoch, dass ihr zum Ernten eine Leiter braucht), schneidet besser die äußersten Blüten zuerst ab und gebt den innen sitzenden noch eine Woche zum Sonnenbaden und Nachreifen.

Während Tomaten einzeln gepflückt werden und der Rest der Pflanze dabei unbehelligt bleibt, ist das bei Gras ganz anders. Hier erntet ihr die Zweige, an oder auf denen Blütencluster sitzen, als Ganzes. Eine handliche Schnittlänge liegt meist zwischen 30 und 60 Zentimetern. Dann werden die Zweige zum Trocknen aufgehängt. Das ist nicht nur eine sehr wirksame Methode des Trocknens, sondern die in den Zweigen enthaltene Feuchtigkeit trägt auch dazu bei, dass die Trocknung

Erntetag! Ein bisschen aufgeregt bin ich schon, dass ich diesen Meilenstein erreicht habe.

*Linke Seite*
Erntet euer Gras, indem ihr die blütenbesetzten Zweige in 30 bis 60 Zentimeter lange Stücke schneidet. Es lohnt sich, die Blüten beim Ernten genau zu betrachten. Sucht sie nach dunklen Flecken ab, die auf Schimmel oder Fäule hinweisen könnten. Schneidet solche Stellen großzügig weg und taucht eure Schere vor dem nächsten Schnitt in Alkohol, um sie zu desinfizieren.

langsam und gleichmäßig erfolgt. Ihr könnt eure Pflanze entweder im Ganzen unten abschneiden und danach in kleinere Abschnitte zerteilen oder direkt Zweig für Zweig abknipsen. Es gibt zwar nicht die eine richtige Art und Weise, eine Pflanze zu zerlegen, doch ein paar Dinge sind zu beachten, damit alles gut klappt. Erstens solltet ihr saubere Planen um eure Pflanzen herum auslegen. Die abgeschnittenen Zweige fallen dann direkt auf die Plane, und eure Ernte bleibt sauber. Ihr könnt die Ausbeute in der Plane zusammenlegen und das ganze Bündel sofort in den Trockenraum bringen. Ein zweiter Trick besteht darin, die Pflanzen so zu zerschneiden, dass sie schon fertige Haken zum Aufhängen an der Trockenleine enthalten. Statt also die Zweige vom Stängel abzutrennen, lasst ein kleines Stück vom Stängel stehen, sodass ein V entsteht, an dem ihr den Zweig aufhängen könnt. Aber keine Angst – falls die Haken nicht perfekt gelingen oder nicht jedes Mal einer entsteht, nehmt einfach Wäscheklammern, die sind billig und funktionieren auch gut.

Legt jede Hanfsorte auf eine eigene Plane und beschriftet die Planen auf einem Stück Klebeband. Seid beim Beschriften absolut penibel. Egal wie gut ihr die Sorten jetzt noch optisch unterscheiden könnt – sobald sie anfangen zu trocknen, wird das wesentlich schwieriger. Vor dem Trocknen wollt ihr eure Blüten vielleicht noch trimmen. Ab Seite 189 findet ihr dazu weitere Information.

*Rechts*
Schneidet die Zweige am besten so zurecht, dass Haken zum Aufhängen der Pflanzen entstehen.

*Linke Seite*
Legt eure Ernte auf eine saubere Plane.

# Ab in den Trockenraum

Aufhängen ist die ideale Trocknungsmethode, und zwar aus mehreren Gründen. Erstens ist es logistisch unkompliziert, und zweitens wird der Raum dabei effizient genutzt. Einfacher Trick: Wenn ihr noch mehr Raum schaffen und Leinen oder Stangen besonders gut ausnutzen möchtet, dann hängt Drahtkleiderbügel daran und verteilt die Zweige auf die Bügel. Voilà, schon habt ihr euren Hängeplatz vervielfacht. Das Aufhängen der Zweige verhindert auch, dass die Blüten zerdrückt werden und am Ende ein bisschen traurig und für eure Freunde weniger beeindruckend aussehen. Dass man die Blüten nicht von den feuchtigkeitshaltigen Zweigen trennt, sorgt für einen sanften, gleichmäßigen Trocknungsprozess.

Während der ersten Tage, wenn die frisch geschnittenen Pflanzenfasern allmählich trockener werden, solltet ihr mit einer leichten Erhöhung der Luftfeuchtigkeit rechnen. Passt eure Ausstattung (Luftentfeuchter und Ventilatoren) entsprechend an, um ideale Bedingungen zu gewährleisten. Danach könnt ihr euch im Grunde zurücklehnen, die Düfte genießen und die Veränderung beobachten.

*Nächste Seiten*
Ich hänge Metallkleiderbügel an eine Stange, um den Platz zum Trocknen zu vervielfachen. Mit einem magnetisch haftenden Thermo-Hygrometer kann ich die Temperatur und die Luftfeuchtigkeit problemlos im Auge behalten. Was das Trimmen betrifft, spiele ich ein bisschen herum, manche Blüten trimme ich, andere lasse ich, wie sie sind, je nach Laune. Auf diesen Bildern seht ihr ungetrimmtes Blueberry Muffin, während die Sorte Mango manikürt wurde. Ich habe jeden Bügel etikettiert, und nur diese eine Sorte hängt daran. Es empfiehlt sich, getrimmte und nicht getrimmte Zweige jeweils auf getrennte Bügel zu hängen, denn dann könnt ihr besser beobachten, wie die jeweiligen Zweige trocknen.

### *Wann ist das Cannabis trocken?*

Eine gut getrocknete Blüte enthält eine minimale Menge an Chlorophyll und maximal viele Cannabinoide und Terpene. Sie schmeckt gut. Wenn ihr euer Cannabis zu feucht einlagert, bekommt ihr Probleme mit Schimmel; ist es beim Einlagern schon zu trocken, wird euer Endprodukt herber und weniger aromatisch sein. Daher ist es wichtig zu wissen, woran man erkennt, wann der nächste Schritt dran ist.

Bei der richtigen Temperatur und Feuchtigkeit sollte eure Ernte nach etwa 10 bis 14 Tagen trocken sein, aber es ist am besten, die Pflanzen täglich zu prüfen. Drückt die Buds, also die Blüten, leicht zusammen und verbiegt ein paar Zweige, um den Fortschritt zu beurteilen. Sind die Blüten trocken genug, knacken sie leise unter dem Druck eurer Finger. Manche Farmer sagen, es soll klingen wie beim Zerdrücken von Popcorn. Andere sagen, die Blüten müssen auf Druck leicht zurückfedern. Sind sie noch matschig oder weich, dann sind sie auf jeden Fall noch zu feucht. Ihr solltet allerdings unbedingt auch die Stängel verbiegen, mit denen die Blüten mit dem Zweig verbunden sind. Sie sollten mit einem Knack abbrechen.

# Ein Haarschnitt für die Buds

Beim Maniküren – auch *Trimmen* genannt – werden die Blätter abgeschnitten, die die Blüten umgeben. Maniküren ist wichtig, es sorgt für ein runderes Raucherlebnis, weil die Teile, die weniger Trichome enthalten, entfernt werden. Die nackten Buds allerdings, die an Hundehäufchen erinnern und heute überall im Angebot sind, wurden stärker ge-

59
68
Blueberry
Muffin
10-4

Mango
10-4

Wenn ihr nur wenig Platz habt, könnt ihr euch einen Kräutertrockner anschaffen und die Blüten darauf verteilen, um sie zu trocknen. Dadurch werden sie auf einer Seite flach, aber das ist nur ein Problem, wenn ihr eure Freunde mit eurem selbst gezogenen Gras beeindrucken möchtet. Denkt daran, dass Blüten, die von den Zweigen abgeschnitten wurden, wesentlich schneller trocken werden. Seht also oft nach ihnen.

trimmt als nötig, ganz einfach, weil das zurzeit auf dem Markt die ästhetische Präferenz ist. Aber ihr müsst es nicht genauso machen. Das Trimmen ist für die meisten professionellen Grower ein Fluch. Es bedeutet jede Menge monotone Arbeit. Eine ganze Branche fußt auf der Trimm-Arbeit von Migranten, die viele Stunden lang schnippeln, um marktfertige Ware herzustellen. Ihr dagegen habt nur ein paar Pflanzen für euch und eure Freunde gezogen. Für euch ist das Trimmen nicht weiter schlimm. Mir selbst macht es sogar Spaß.

Es hat Vorteile, das Trimmen zu erledigen, wenn die Ernte noch frisch ist (das sogenannte Nasstrimmen), und ebenso hat es Vorteile, damit zu warten, bis die Blüten trocken sind. Ihr werdet feststellen, dass viele Leute entweder auf das eine oder das andere schwören. Ich schlage vor, beides mit jeweils einem Teil der Ernte auszuprobieren, um festzustellen, was ihr besser findet.

### *Nasstrimmen*

Das Trimmen gleich nach der Ernte ist eine klebrige Angelegenheit. Die Trichome sind noch feucht – sie kleben an den Händen, aber sie neigen auch dazu, an der Pflanze selbst haften zu bleiben (statt leicht abzubrechen, wie sie es tun, wenn sie trocken und brüchig sind). Habt ihr wenig Platz zum Trocknen, dann ist Nasstrimmen eine gute Idee, denn es reduziert erheblich das Volumen der Pflanzen, die getrocknet werden müssen, und schafft so mehr Platz. Zudem verkürzt es die Trockenzeit, denn ohne das viele Blattwerk sind die Pflanzen von weniger Feuchtigkeit umgeben. Behaltet das also im Hinterkopf. Wenn ihr in einer kühleren, feuchteren Klimazone lebt und befürchtet, eure Pflanzen könnten länger als ein paar Wochen zum Trocknen brauchen, sodass die Gefahr der Schimmelbildung steigt, dann spricht einiges für das Nasstrimmen.

### *Trockentrimmen*

Die andere Möglichkeit ist, die Blätter beim Trocknen dranzulassen und so den Prozess zu verlangsamen – besonders nützlich in einem eher trockenen Klima, denn dann ist mehr Feuchtigkeit in der Umgebung der Blüten. Sind sie getrocknet, lassen sich die Blätter leicht abknipsen, ohne zu kleben. (Vorsicht – die Trichome fallen dann ebenfalls leicht ab, und davon wollen wir ja so viele erhalten wie möglich.)

### *Trimmen nach Bedarf*

ABER – nass oder trocken zu trimmen, sind nicht die einzigen Möglichkeiten. Nachdem ich entdeckt hatte, was viele Grower mit ihrem persönlichen Vorrat machen – nicht mit der Ware, die sie auf den Markt bringen –, war für mich die Sache klar. Viele Leute trocknen das Gras, knipsen die Blüten vom Stiel ab und lagern es direkt – mit Zuckerblättern und allem. Die getrockneten Blätter, die sich jetzt dicht um die Blüten kräuseln, schützen die Blüten während der Lagerung. Will man etwas rauchen oder verschenken, reichen ein paar schnelle Schnitte, um die Zuckerblätter zu entfernen, und schon zeigen sich die makellosen Buds mit ihren bildhübschen Stigmen, die eure Freunde garantiert

*Linke Seite*
Obwohl ihr im Handel niemals Buds finden werdet, die nicht getrimmt sind, ist es nicht unbedingt schlecht, eure trockene Ernte in diesem Stadium zu lagern. Die Zuckerblätter kräuseln sich um die getrockneten Blüten herum und schützen jene brüchigen Härchen – die Trichome –, die große Mengen Cannabinoide und Terpene enthalten.

mit viel Ohhh und Ahhh bestaunen werden. Und ihr kommt ebenfalls gut dabei weg, denn ihr spart es euch, viel Zeit und Raum für eine Trimmaktion aufzuwenden.

## *Zubehör zum Trimmen*

Egal in welchem Stadium ihr eure Buds manikürt, es ist wichtig, das in einer trockenen, sauberen Umgebung zu machen und dabei das richtige Werkzeug zu benutzen.

**Eine saubere Arbeitsfläche**

Eine saubere Plane, ein Tisch oder ein Tablett sind gut geeignet. Wenn ihr das *Kief* – die harzigen Trichome, die sich beim Trimmen ansammeln und die man in einen Joint bröckeln oder zu Haschisch pressen kann (weitere Informationen über Kief auf Seite 220) – sammeln möchtet, dann kauft euch ein Trimmtablett mit einem integrierten Sieb.

**Scheren**

Zum Maniküren eures Grases braucht ihr eine spezielle Schere mit schmalen Klingen. Man kann sich zwischen einer Reihe von Modellen entscheiden: Manche haben Federn, andere nicht; manche haben gebogene, andere gerade Klingen. Die Meinungen, welche sich am besten eignen, gehen weit auseinander, aber auch hier solltet ihr bedenken, dass die meisten Grower große Mengen von Cannabis trimmen. Für euch

*Rechts*
Zum Maniküren der Buds nehme ich persönlich am liebsten diese japanische Edelstahlschere, eine Chikamasa B-500sf.

*Nächste Seiten*
Es gibt im Internet und in Growshops eine riesige Auswahl an Trimmscheren aus der ganzen Welt, da habt ihr die Qual der Wahl.

CHIKAMASA
CHIKAMASA
43000
ARS CARBON
CURVED BLADE
$ 17.99
4323
ARS CARBON
STRAIGHT BLADE
$ 17.99
4335
ARS STAINLESS
ORANGE SNIPS
$ 24.75
43280
BONSAI SHEARS
TITANIUM
$ 14.50
Cutter Bee
43250
CUTTER BEE

CHIKAMASA
4328
BONSAI SHEARS
STAINLESS
$ 12.50
TITANIUM
$ 15.95
4335
$ 24.75
4330
GIROS STRAIGHT
STAINLESS
$ 13.50
Stainless Steel
4331 13.50
4331
GIROS CURVED
STAINLESS
$ 13.50
4330 13.50
TAIWAN
43330
GIROS CURVED
TITANIUM
$ 15.95
Titanium
43330 15.95
4325

wird die ganze Sache weit weniger mühsam sein, und die Auswahl der Schere ist daher keine lebenswichtige Entscheidung.

**Handreiniger und/oder Handschuhe**

Das Trimmen ist eine klebrige Angelegenheit. Kein Problem, denkt ihr – bis das Telefon klingelt, wenn eure Hände gerade voller klebrigem Zeug sind. Die meisten Leute tragen beim Trimmen Einmalhandschuhe. Wenn ihr wie ich solche Handschuhe einfach nicht ausstehen könnt, dann solltet ihr auf jeden Fall eine Flasche Isopropanol griffbereit haben. Noch besser, ihr vergesst sowohl die Handschuhe als auch den Reinigungsalkohol und mischt euch stattdessen eine Lösung aus einigen Esslöffeln Zucker und 240 Millilitern Nuss- oder Keimöl. Der Zucker wirkt wie ein Peeling, und eure Hände sind danach geschmeidig und glatt.

**Isopropanol und Lappen**

Die Scheren fangen durch das klebrige Harz an zu klemmen. Wischt man sie mit einem mit Reinigungsalkohol getränkten Lappen ab, werden sie schnell wieder sauber.

# Curing

Als *Curing* wird die zweite Phase des Trockenvorgangs bezeichnet, während der die Feuchtigkeit weiter vom Zentrum der Blüten nach außen verdunstet, die flüchtigen Bestandteile aber erhalten bleiben, sodass ihr schließlich gleichmäßig getrocknete Buds habt. Genau wie beim Trocknen entstehen durch diesen langsamen Prozess der Fermentation die am weichsten schmeckenden Buds. Die meisten Grower lassen ihr Cannabis zwei bis vier Wochen curen. Je länger man curt, desto mehr verändert sich das Aroma: von Gras Richtung Cannabis. Manche Grower lassen ihren Vorrat ein ganzes Jahr lang liegen.

Viele Anbauer benutzen zum Curen noch alles mögliche Extrazubehör, seien es Kunststoffkisten, Pappkartons oder Papiertüten. Manche Leute schwören auf luftdurchlässige Behälter, andere auf luftdichte.

Spart euch einen weiteren Besuch im Fachhandel und benutzt Einmachgläser oder Edelstahlgefäße mit Schraub- oder Bügelverschluss – beide eignen sich super sowohl zum Curen als auch zum späteren Aufbewahren einer überschaubaren Ernte aus dem eigenen Garten.

Der erste Schritt auf dem Weg vom Trocknen zum Curen besteht darin, die Blüten von den Zweigen und Stielen abzuknipsen und sie in Gläser zu geben. Entfernt so viele Stiele wie möglich, ohne dass die Blütencluster auseinanderfallen.

Danach füllt das Gras in eure Gläser. Nicht zu dicht, denn die Blüten sollen nicht gedrückt werden, aber ihr könnt die Gläser ruhig bis zum Rand anfüllen. Dann fest verschließen und in Ruhe lassen. Ab dem nächsten Morgen lasst ihr regelmäßig Luft und Feuchtigkeit entweichen, das ist das sogenannte *Burping*. Vielleicht seid ihr erstaunt, dass die Blüten, die am Zweig so schön trocken gewirkt haben, doch noch Feuchtigkeit

# Grundkurs Maniküren

Voilà: ein ungetrimmter, frisch geernteter Zweig. Fasst eure Ernte immer am Stiel an, dann werden die Blüten nicht zerdrückt und beschädigt.

Knipst alle noch vorhandenen Fächerblätter möglichst direkt am Stielansatz ab. Fächerblätter enthalten nur wenige Trichome. Aufheben lohnt nicht.

Der Anfang ist gemacht. Was übrig bleibt, sind kleine Fächerblätter, Zuckerblätter und natürlich die Blüten selbst.

Arbeitet euch Richtung Blüten vor, knipst dabei die restlichen Fächerblätter ab und stutzt auch die Zuckerblätter zurecht. Weil die Zuckerblätter mit Trichomen bedeckt sind, heben viele Leute sie auf und verwenden sie für Tinkturen oder Cannabisbutter.

Ein getrimmter Bud, fertig zum Aufhängen.

Ihr müsst euer Gras vor dem Trocknen oder Lagern nicht unbedingt trimmen. Die Alternative: Lagert das Gras ungetrimmt und manikürt es erst vor dem Gebrauch, nach Bedarf. Die Vorteile: weniger Arbeit vorweg und fein konservierte Trichome, die von getrockneten Zuckerblättern geschützt werden.

enthalten. Doch das ist absolut erwartbar, denn sie ziehen auch noch den letzten Rest von Feuchtigkeit aus ihrem Inneren heraus. Sollten die Blüten feuchter wirken als vorher, lasst das Glas am besten den Tag über offen stehen. Ihr könnt es auch ein paarmal leicht schütteln, um die Buds zu bewegen. Abends wieder verschließen und am nächsten Morgen erneut lüften und prüfen. Wieder feucht? Also bleibt der Deckel den Tag über ab. Sobald eines Morgens alles trocken ist, ist der Curing-Prozess abgeschlossen. Dann könnt ihr den Deckel getrost verschlossen lassen.

Falls ihre eure Arbeit wissenschaftlich überprüfen und absichern wollt, schafft euch einen digitalen Feuchtigkeitsmesser an, den man sonst verwendet, um Feuchtigkeit in Wänden aufzuspüren. So ein Gerät ist für um die 20 Euro zu haben. Man steckt die Messstifte in die Buds, und auf dem Display erscheint der Wert. Die ideale Feuchte für vollständig trockenes, gecurtes Cannabis liegt zwischen 10 und 15 Prozent.

## Die Ausbeute richtig lagern

Die Zeiten, in denen ihr kleine Plastiktütchen in der Hosen- oder Jackentasche hattet, sind vorbei. Ihr seid jetzt erwachsen. Wenn ihr euer Gras in Gläsern oder Edelstahlgefäßen gecurt habt, braucht ihr nichts weiter zu tun, ihr könnt es einfach lassen, wo es ist. Ihr solltet nur sichergehen, dass ihr den richtigen Lagerplatz wählt, um die Qualität zu erhalten.

Ihr habt dafür jede Menge Möglichkeiten. Selbst unter optimalen Bedingungen wird euer Gras mit der Zeit an Potenz verlieren und euch eher müde als high machen. Am längsten bleibt die Potenz im Kühlschrank oder Gefrierfach erhalten, aber Vorsicht: Im gefrorenen Zustand werden die Trichome spröde und brechen leicht. Wenn ihr euch fürs Gefrierfach entscheidet, lasst den Buds genug Zeit zum Aufwärmen, ehe sie in den Grinder kommen und verwendet werden. Außerdem kann eventuelle überschüssige Feuchtigkeit, die noch im Gras ist, weil ihr es nicht vollständig getrocknet und gecurt habt, zu Problemen mit Eiskristallen führen. Nur sehr gut getrocknete Blüten dürfen also ins Gefrierfach wandern. Am einfachsten ist es, wenn ihr euch an folgende Richtlinien haltet:

### *Die richtigen Bedingungen*

**Kühl lagern** Zu starke Wärme (über 27 °C) mindert die Qualität und öffnet dem Schimmel Tür und Tor.

**Nicht zu feucht lagern** Das Raumklima sollte in etwa so sein wie beim Trocknen – weder feucht noch knochentrocken.

**Dunkel ist besser** UV-Strahlen führen zu Qualitätsminderung. Lagert euer Gras dunkel.

**Locker verpacken** Presst eure Buds nicht zu dicht zusammen. Dabei können sie nicht nur zerdrückt werden, sondern die relative Luftfeuchtigkeit kann sich erhöhen.

*Links*
Boveda-Päckchen können die Feuchtigkeit in euren Lagergefäßen konstant halten.

## Falls nötig, die Feuchtigkeit erhöhen

Falls ihr beim Messen mit einem Feuchtigkeitsmesser oder beim Fühlen mit den Fingern (wenn sich die Buds extrem krümelig und kross anfühlen) feststellt, das ihr euer Gras übertrocknet habt, dann legt ein Befeuchtungspäckchen mit in das Gefäß. Die Terpene und Cannabinoide sind vermutlich schon teilweise zersetzt, und zusätzliche Feuchtigkeit wird eine schlechte Trocknung nicht in eine großartige verwandeln, aber sie wird das Raucherlebnis weniger kratzig machen. Auch wenn ihr mit dem Zustand eurer getrockneten und gecurten Buds superzufrieden seid, könnt ihr ein Befeuchtungspäckchen dazulegen, damit die Feuchtigkeit erhalten bleibt. Boveda ist der bekannteste Hersteller solcher Päckchen. Die ideale Feuchte im Gefäß liegt zwischen 54 und 63 Prozent; kauft also am besten entweder die Variante mit 58 oder die mit 62 Prozent.

*Rechte Seite*
Nehmt in den ersten paar Wochen öfter mal den Deckel ab, um eure Buds zu lüften. Dieser *Burping* genannte Vorgang dient dazu, das Aroma eures Grases zu verfeinern.

Amethyst
O.G. K

Mango
Mango

*Geeignete Gefäße*

**Einmach- oder Marmeladengläser** sind perfekt, aber leider durchsichtig. Dieses Problem erledigt sich von selbst, wenn man die Gläser dunkel stellt.
**Edelstahlbehälter** mit Plastikdeckeln und guten Verschließmechanismen funktionieren ebenfalls super, und man muss sich nicht um den Lichtschutz sorgen.
**Vakuumierung** ist eine gute Alternative, falls ihr zu viel Gras habt und nicht möchtet, dass es jedes Mal, wenn ihr an euren Vorrat geht, dem Sauerstoff (der die Qualität mit der Zeit mindert) ausgesetzt wird. Überlegt euch also, ob ihr einen Teil eures Vorrats, den ihr vorerst nicht brauchen werdet, vakuumiert aufbewahren wollt. Und auch falls ihr ein bisschen Gras mit der Post an euren Bruder schicken wollt, was total illegal ist, rate ich euch, es zu vakuumieren. Was aber nicht heißen soll, dass ich so etwas je getan habe. Habe ich natürlich nicht.

Übrigens, gut getrocknetes und gelagertes Gras behält etwa vier Jahre lang seine ursprüngliche Qualität. Nicht, dass ich das aus Erfahrung wüsste – ich verschenke meins immer sofort.

*Vorherige Seiten*
In allen Größen erhältliche Einmachgläser wie die hier abgebildeten Ball Mason Jars sind für die Aufbewahrung ideal.

*Rechte Seite*
Von links nach rechts: ein EVAK Glas von Prepara, bei dem der Deckel auf Druck die Luft herausdrückt, ein Ball Mason Jar mit Schraubverschluss und ein Edelstahlbehälter von CVault mit Bügelverschluss.

evak
Mango

# *Das* fertige Produkt

Kapitel 8

Obwohl beim Grasanbau ganz klar der Weg das Ziel ist, haben wir unsere Endstation erreicht.

Den größten Teil meiner Highschoolzeit über bekam ich Hausarrest, weil ich dauernd bekifft war. Meine Eltern schworen in Drogenfragen auf eine Nulltoleranzstrategie, die so gar nicht gewirkt hat. Zeitsprung in die Jetztzeit, nach der Legalisierung – und schon ist alles ganz anders. Manches hätte ich mir nie träumen lassen. Meine Mutter hat schon mehr als einmal (aber nicht jedes Mal, das würde sie gerne klarstellen), wenn sie bei uns zu Besuch war, Blueberry Muffin (die schönste Sorte, die ich je angebaut habe) zum Nachtisch verlangt. Ja, richtig, meine Mutter möchte mein Gras rauchen. Wie verrückt ist das denn? Es zeugt auf jeden Fall von einer massiven kulturellen Umwälzung, die sogar bei Familie Silver angekommen ist. Irre.

Mein Bruder ist extra aus Brooklyn angereist, um mein Gras zu probieren. Es hat Jahrzehnte gedauert, aber ich glaube, jetzt habe ich endlich etwas gemacht, was ihn beeindruckt. Hier raucht er gerade einen mit einem Gold Paper gedrehten Joint.

Wenn ich mir nicht gerade mit meiner Mutter einen Joint teile, verschenke ich meine Ernte an Freunde und Verwandte. Falls ihr das auch tun wollt, informiert euch vorher unbedingt darüber, welche Mengen man dort, wo ihr oder eure Freunde wohnen, auf einmal verschenken darf. Ich genieße meinen neuen Status als Cannabislieferantin. Alle kriegen etwas ab, von dem Typen, der mir die Haare schneidet, bis zu der neuen Freundin, die ich auf dem Spielplatz kennengelernt habe.

# Grundkurs Joints

## Ob ihr euer Gras selbst raucht oder es verschenkt, wie man einen Joint baut, *müsst* ihr einfach wissen!

### Zubehör

Grinder Ein kleiner Grinder lohnt sich. Er kostet nur ein paar Euro, und ihr könnt euer Gras damit einfach und schnell zerkleinern.

Filter aus Pappe/Papier Damit verhindert ihr, dass sich euer Joint beim Rauchen in eine angesabberte Schweinerei verwandelt.

Papers/Blättchen Die Auswahl ist groß – von ungebleicht und einfach bis zu goldbeschichtet.

Gras Ein 4 Zentimeter langes Stück eines getrockneten Buds ist vollkommen ausreichend.

Ihr habt die Wahl: Das Blättchenangebot reicht von durchsichtig bis regenbogenfarben.

JAMAICAN HEMP
PAPERS
Skunk Brand
CLASSIC
RAW
NATURAL UNREFINED ROLLING PAPERS
1 1/4 SIZE
ELEMENTS
ULTRA THIN RICE PAPERS
smk
GOLD ULTRATHIN
Pure Hemp
KING SIZE
Smoking
DE LUXE
Trip2
NOW TREE FREE, THINNER & CLEANER!
ASIATIC COTTON MALLOW ROLLING PAPERS
Club Modiano
MODIANO
UNGUMMED
ELEMENTS
PREMIUM ROLLING TIPS
PERFORATED
shine
GOLD ROLLING PAPERS

## Schritt 1

Das Gras mit einem Grinder zerkleinern. Gleichmäßig große Stücke sorgen für ein gleichmäßiges Abbrennen des Joints. Aber nicht zu lange mahlen – ungefähr zehn Umdrehungen sind genug. Denn auch Pulver raucht sich nicht gut.

## Schritt 2

Jetzt das Blättchen in beide Hände nehmen und zwischen den Fingerspitzen aufspannen. Die Klebeseite – der Streifen, der so aussieht wie bei einem Briefumschlag – muss sichtbar sein und nach oben zeigen.

## Schritt 3

Mit dem Daumen das Papier runden, sodass ein Kanu entsteht, das man mit Gras beladen kann.

## Schritt 4

Das Kanu mit dem Gras füllen. Keine Angst vorm Überladen. Mehr lässt sich leichter rollen als weniger, und ein bisschen fällt beim Drehen sowieso heraus.

## Schritt 5

Mit Daumen, Zeige- und Mittelfingern anfangen zu drehen, dabei das Gras nach unten ins Blättchen drücken.

## Schritt 6

Den unteren Rand des Blättchens über das Gras rollen und in den Joint einfalten. Dies ist der wichtigste und oft schwierigste Schritt.

## Schritt 7

Dann den Joint bis zum Kleberand eindrehen. Kleberand anlecken und Joint zukleben.

## Schritt 8

Einen Filter zusammenrollen, etwas kleiner als den Joint. An einem Ende in den Joint hineinschieben, der Filter rollt sich dort bis zur Größe des Joints wieder auf.

## Schritt 9

Das überstehende Papier am anderen Ende des Joints durch Zwirbeln verschließen. So fällt kein Gras heraus.

## Schritt 10

Das filterlose Ende des Joints vorsichtig anzünden und ihn dabei zwischen den Fingern drehen. Ziel ist, dass an der Spitze des Joints eine schöne große Glut entsteht. Dann erst zwischen die Lippen stecken. Viel Spaß!

# Joint

Die traditionelle Art, Gras zu rauchen: in Blättchen eingerollt. Mehr dazu auf Seite 210–219.

# Dampfen/Vapen

Ein sehr luxuriöser wiederaufladbarer Vaporizer von PAX in Roségold. Das Gras im Grinder mahlen, die Kammer füllen, inhalieren.

Ist sanfter zur Lunge als Rauchen, weil das Gras dabei nicht so stark erhitzt wird wie beim Verbrennen. Hier werden zwar alle Terpene und Cannabinoide freigesetzt, aber weniger Karzinogene erzeugt. Man muss darauf achten, ein Gerät zu kaufen, das zum Verdampfen trockener Kräuter geeignet ist, nicht eins für Konzentrat. Konzentrat ist ein industriell hergestellter Flüssigextrakt. Mehr über Extraktionsmethoden findet ihr auf den folgenden Seiten.

# Hausgemachte Extrakte

Wenn ihr euer Gras weder rauchen noch vapen wollt, gibt es noch andere Möglichkeiten, die Cannabinoide und Terpene aus den Pflanzen zu lösen und in eine nutzbare Form zu bringen. Die kommerzielle Extrahierung ist eine Wachstumsbranche, aber weil dafür (wie bei der CO2-Extraktion) entweder teure Apparaturen nötig sind oder (bei Verwendung von Gasen wie Butan oder Propan) die Gefahr besteht, das Haus in die Luft zu jagen, lassen wir das hier aus und wenden uns lieber anderen Techniken zu: allesamt jahrhundertealt und bestens für einen Versuch zu Hause geeignet.

*Kief/Haschisch*

Um ausschließlich die potenten Bestandteile der Pflanze – die harzhaltigen Trichome – konsumieren zu können, sammeln manche Leute Kief und machen daraus Haschisch. *Kief* bezeichnet das beigefarbene Pulver aus den Trichomen, das entweder als Nebenprodukt beim Zerkleinern von Gras anfällt, oder aber absichtlich gewonnen wird (um Haschisch herzustellen).

Kief kann direkt verwendet werden, indem man es zum Beispiel in Joints streut; viele Grinder sind mit einem kleinen Sieb ausgestattet, das automatisch das Kief, das beim Zerkleinern des Grases anfällt, auffängt. Wird es gepresst und erhitzt, wird aus dem Kief *Haschisch*. Haschisch ist eine ziegelharte Substanz, die man pur rauchen oder einem traditionellen Joint beifügen kann. Ich werde hier allerdings nicht erklären, wie man Haschisch macht – ist nicht mein Ding, sorry. Irgendetwas daran gibt mir ein ungutes Gefühl; es ist mir zu weit weg vom ursprünglichen Produkt. Ich mag es weniger stark und zum Verschenken vor allem weniger ziegelartig. Habe ich da vielleicht irgendein Vorurteil verinnerlicht, mit dem ich mich einmal auseinandersetzen sollte? Vermutlich. Bis dahin bleibe ich dabei: Hasch ist

mir zu „drogig". Leute, die auf Haschisch stehen, *lieben* es geradezu; wenn man möchte, kann man von ihnen lernen. Man kann es von Hand pressen, aber die beliebteste Herstellungsart ist mithilfe von Trockeneis oder kaltem Wasser. Wenn euch das anspricht, nur zu. Infos und Anleitungen gibt es reichlich.

Das Decarboxylieren (also Erhitzen) des Grases setzt das psychoaktive THC frei.

### *Decarboxylieren*

Außer bei der Herstellung von Haschisch und Kief ist der erste Schritt jeder Weiterverarbeitung des Grases das *Decarboxylieren*. Dabei wird durch Erhitzen das Cannabinoid THCA in das psychoaktiv wirkende THC umgewandelt. Falls ihr eine Sorte mit hohem CBD-Gehalt angebaut habt (siehe Seite 43) und daraus eine CBD-reiche Tinktur (siehe nächster Absatz) herstellen wollt, dann erzielt ihr ebenfalls das beste Ergebnis, wenn ihr euer Gras zuerst decarboxyliert. Dazu die gewünschte Menge Gras (auch Zuckerblätter, die beim Trimmen übrig geblieben sind, funktionieren gut; entweder für sich allein oder mit Blüten gemischt) auf einem Backblech verteilen und das Blech für 20 bis 30 Minuten in den auf 110 °C vorgeheizten Ofen schieben. Wenn ihr das vorhabt, solltet ihr es aber unbedingt vorher mit eventuellen Mitbewohnerinnen und Mitbewohnern abklären, denn es wird das Haus für ein paar Stunden lang ziemlich verpesten.

### *Tinkturen*

Eine besonders diskrete Art des Marihuana-Konsums ist die Tinktur. *Tinkturen* sind konzentrierte Kräuterauszüge, die man oral einnimmt, indem man ein paar Tropfen aus einer Pipette in den Mund oder unter die Zunge gibt. Man kann sie auch mit Wasser oder anderen Getränken mischen (auf Seite 233 steht ein Rezept). Das ist ein jahrhundertealtes Verfahren, für das man meist Alkohol benutzt. Tinkturen sind supereinfach herzustellen. Alkohol löst die Cannabinoide und Terpene wirksam und wirkt zugleich als Konservierungsmittel.

Was ich hier vorstelle, ist eine althergebrachte Methode der Tinkturherstellung, die auch als „Simpler's Method" bekannt ist. Der Name bezieht sich auf das wenig präzise, doch sehr effektive Ergebnis. Man kann mit der Stärke der Tinktur herumexperimentieren und eine beliebige Menge zwischen etwa 15 Gramm und dem, was in ein 1-Liter-Schraubglas passt, verwenden – sollte aber auch hier daran denken, dass man die genaue Potenz nur durch Labortests ermitteln kann; man muss hier also experimentieren.

Soll die Tinktur psychoaktiv wirken, müsst ihr das Cannabis zuerst decarboxylieren. Es ist übrigens völlig in Ordnung, eine Tinktur aus nicht decarboxyliertem Gras zu machen. Cannabinoide (nicht vergessen, es gibt Hunderte davon) sind auch ohne Erhitzen wirksam. In dem Fall kann es höchstens sein, dass die Wirkung (egal ob appetitfördernd oder antispastisch) ein bisschen schwächer ausfällt, und man wird auf keinen Fall high davon. Gebt dann das Gras direkt mit dem Alkohol in ein Schraubglas, so wie weiter unten beschrieben.

Zum Herstellen einer Tinktur die Cannabisblüten mindestens zwei bis vier Wochen in Alkohol mit mindestens 40 Volumenprozent ziehen lassen. Dann die Flüssigkeit durch ein Tuch abseihen und kühl und dunkel aufbewahren.

Remedy CBD

CROCK·POT
Little Dipper

*Linke Seite*
Cannabisbutter oder Cannabisöl ist schnell gemacht und vielseitig verwendbar.

Falls ihr euer Gras decarboxyliert habt, lasst es zuerst abkühlen. Dann in ein Schraubglas geben, in das es locker hineinpasst, und einen mindestens 40%igen Alkohol eurer Wahl darübergießen. Ich verwende gern Wodka, weil ich den mag. Nehmt einfach, was ihr am liebsten mögt! Gut verschließen und einen Monat lang kühl und dunkel lagern. Dann durch ein Passiertuch abseihen, um das Cannabis herauszufiltern, und mithilfe eines Trichters in kleine getönte Pipettenfläschchen füllen. Manche sagen zwar, man soll den Restalkohol verdampfen lassen, aber das ist nicht nötig und kann gefährlich werden. Ich rate davon ab.

Eure Tinktur wird ein bisschen wie erdiger Fusel schmecken. Ihr werdet sie entweder lieben oder hassen. Damit sie im letzteren Fall leichter runtergeht, kann man sie vor dem Einnehmen mit Wasser verdünnen (oder nach dem Rezept auf Seite 235 einen Kräuteraufguss herstellen), doch die Wirkstoffe werden am besten aufgenommen, wenn man ein paar Tropfen direkt unter die Zunge gibt. Die Wirkung setzt relativ schnell ein (langsamer als beim Rauchen, aber schneller als bei Esswaren). Geht es behutsam an und schaut erst mal, wie sich die Tinktur auf euren Körper und euer Befinden auswirkt. Kühl und dunkel aufbewahrt hält sie sich jahrelang.

### *Cannabisöl oder Cannabisbutter machen*

Da Marihuana fettlöslich ist, eignen sich Butter und Öle sehr gut zum Extrahieren. Und wie Tinkturen sind sie kinderleicht herzustellen und vielseitig verwendbar. Cannbisöl oder -butter verwendet man für selbst gemachte Brownies, zum Beträufeln von Popcorn, für Salatdressing oder in jedem beliebigen anderen Rezept, das Öl oder Butter verlangt (siehe auch das Rezept für eine Cannabis-Schokosauce auf Seite 236). Genau wie bei den Tinkturen ist es auch hier ratsam, das Gras vorher zu decarboxylieren, um die volle Wirkung zu erhalten.

Für dieses Rezept braucht ihr ca. 20 Gramm Gras. Dann das decarboxylierte Gras mit 240 Milliliter Kokosöl (oder Butter, Ghee, Mandelöl, Olivenöl – was ihr wollt) vermischen und für drei Stunden in einen auf 100 bis 120 °C eingestellten Schongarer geben (oder in einen Schmortopf füllen und bei gleicher Temperatur in den Backofen stellen). Danach durch ein Tuch in ein Glas abseihen, um die Pflanzenreste herauszufiltern. Das Öl/Fett kann im Kühlschrank aufbewahrt oder auch eingefroren werden. Unbedingt mit Etikett versehen und mit sehr kleinen Dosen beginnen, zum Beispiel ¼ Teelöffel (ca. 1,25 Milliliter), um herauszufinden, wie stark die Wirkung bei euch ist. Denkt hier daran, dass es bis zu zwei Stunden dauern kann, bis ihr etwas spürt! Also erst dann mehr nehmen, wenn wirklich genug Zeit vergangen ist.

Cannabisbutter und -öle sind verderblich – sie beginnen nach zwei bis drei Monaten abzubauen. Sie sind dann noch verwendbar, es kann jedoch sein, dass sie anders schmecken oder wirken. Sicherheitshalber solltet ihr sie innerhalb von eineinhalb Jahren aufbrauchen.

*Nächste Seite (links)*
Cannabisbutter wird zur Herstellung einer Salbe mit Bienenwachs und getrocknetem Lavendel gemischt.

*Nächste Seite (rechts)*
Nach dem Abseihen wird die Salbe sofort in kleine Dosen abgefüllt, denn sie wird schnell fest.

All-Clad

Die selbst gemachte Hanfsalbe wird äußerlich bei einer ganzen Reihe von Beschwerden angewandt.

*Salben*

Ich verschenke meine Cannabisernte am liebsten in ihrer Ursprungsform, als unbehandelte Blüte, aber vielleicht möchtet ihr euch mal an der Salbenherstellung versuchen, um zu sehen, ob sie bei euch und euren Freunden gegen müde,verspannte Muskeln hilft. Zuerst das Gras decarboxylieren. Dann 240 Milliliter Kokosöl in einem Topf (am besten im Wasserbad) erhitzen, das decarboxylierte Gras hineingeben und 30 Minuten unter gelegentlichem Umrühren ziehen lassen. Ihr könnt auch noch weitere getrocknete Kräuter zufügen, die gut duften oder eine zusätzliche heilende Wirkung haben: Calendula, Kamille, Lavendel und Zitronenmelisse zum Beispiel sind hervorragend geeignet. Die Mischung dann durch ein Passiertuch in ein Glas abseihen und 240 Milliliter geschmolzenes Bienenwachs hinzugeben. Wenn ihr keine Kräuter hinzugefügt habt, die Masse aber noch mit einem Duft oder Wirkstoff anreichern wollt, könnt ihr jetzt ein paar Tropfen ätherisches Öl dazugeben. Dann in Salbendosen oder Tiegel (aus Blech oder Glas, beide funktionieren gut und sind in Bastelgeschäften erhältlich) abfüllen und abkühlen lassen. Die Salbe an einem kühlen Ort aufbewahren, wo sie halbfest bleibt und nicht abwechselnd schmilzt und wieder fest wird.

Über Cannabissalbe wird vieles behauptet, zum Beispiel, dass sie gegen Entzündungen hilft, die Heilung von Brandwunden fördert und Arthritisbeschwerden lindert. Ganz sicher ist, dass ihr mit der Salbe nach Lust und Laune experimentieren könnt, ohne psychoaktive Nebenwirkungen zu riskieren. Von der äußeren Anwendung werdet ihr auf keinen Fall high. Allerdings solltet ihr bei hartnäckigen Beschwerden, die euch Sorgen machen, natürlich auf jeden Fall ärztliche Beratung einholen. Richtig aufbewahrt halten sich die Salben etwa ein bis drei Jahre.

Ortstermin

# *In der* Küche *mit* Laurie Wolf

**Nach mehreren erfolgreichen Jahrzehnten als Foodstylistin und -redakteurin in New York City orientierte sich Laurie Wolf 2014 um und fokussierte ihr Interesse auf das Kochen mit Cannabis. Sie ist Autorin und Mitautorin mehrerer Kochbücher, darunter *Herb, Cooking with Cannabis, Marijuana Edibles* und *The Medical Marijuana Dispensary* (weitere sind in Arbeit). Mittlerweile lebt sie in Portland, Oregon, wo sie mit ihrer Schwiegertochter Mary einen Shop betreibt, der unter dem Namen Laurie + Mary-Jane *Edibles*, also essbare Cannabisprodukte – unter anderem Brownies, Cracker, Schokolade und Granola – verkauft. Schaut doch mal rein: laurieandmaryjane.com.**

## Du warst länger im Verlagsgeschäft als im Cannabisgeschäft, stimmt's?

Allerdings. Ich habe in New York als Foodstylistin gearbeitet. Und ich war Redakteurin für Kochen und Ernährung bei *Mademoiselle*, bis den Herausgebern klar wurde, dass die Leserinnen dieser Zeitschrift eigentlich nichts essen. Danach war ich beim *Child Magazine*. Dort habe ich hauptsächlich Rezepte entwickelt, aber angefangen habe ich als Foodstylistin.

## Wie kamst du zum Cannabis?

Das war eigentlich schon immer Teil meines Lebens. Ich habe relativ jung mit dem Kiffen angefangen, mit 15 oder so. Es folgten ein paar Jahre Pause, um so etwas wie eine „verantwortungsvolle Mutter" zu sein, doch irgendwann habe ich mir gesagt, scheiß drauf, und wieder damit angefangen. Heute rauche ich ziemlich viel. Ich esse auch gerne Produkte mit Cannabis. Alkohol trinke ich allerdings gar nicht. Ich leide an einer Form von Epilepsie und musste jahrelang Medikamente einnehmen. Inzwischen nehme ich nichts mehr, sondern halte die Krankheit mit Cannabis unter Kontrolle. Das hat mein Leben verändert. Ich bin von Cannabis wirklich überzeugt. Ich habe miterlebt, wie einige Leute von Opioiden auf Cannabis umgestiegen sind, um ihre starken Schmerzen in den Griff zu kriegen. Für mich ist diese Pflanze ein Wunder, und ich bin eigentlich kein Mensch, der an Wunder glaubt.

## Hast du schon immer so offen über deine Liebe zu Cannabis gesprochen?

Ja. Eigentlich schon. Ich war zu Hippie-Zeiten Teenager. Das Kiffen war verglichen mit den anderen Drogen, die ich damals nahm, ziemlich harmlos.

## Was ist die größte Herausforderung beim Kochen mit Gras gewesen?

Es hat ein bisschen gedauert, bis ich die richtige Dosierung raushatte. Als ich vor einigen Jahren damit anfing, gab es praktisch keine Informationen über die Stärke des Cannabis, das man kaufte. Manche Händler verkauften Trim – dieses Zeug war normalerweise nicht besonders stark und auch nicht so teuer, deshalb habe ich anfangs damit experimentiert. Ich habe mir erst mal einen Joint daraus gedreht, um ein Gespür für die Wirkung zu bekommen. Wenn ich den ganzen Joint rauchen konnte, wusste ich, dass es nicht besonders stark war. Wenn ich nur ein paar Züge machen konnte, wusste ich, dass es stärker wirkte. Solche empirischen Erkenntnisse waren das Einzige, wonach ich mich richten konnte.

Allerdings ist das heutige Cannabis wesentlich stärker geworden. Ein, zwei Mal ist es vorgekommen, dass ich beim Kochen mit Cannabisöl das Essen ein paarmal probiert habe – nicht jedes Mal einen Löffel voll, sondern nur den Finger abgeleckt – und mich direkt hinlegen musste, weil ich schon total bekifft war.

Seit der Legalisierung arbeiten wir mit einem Labor zusammen. Dadurch passieren weniger Fehler bei der Stärke der Produkte, doch ab und zu kommt so etwas trotzdem noch vor.

## Welche Tipps hast du für Leute, die sich zu Hause in die Küche stellen wollen?

Okay, erst mal möchte ich klarstellen, dass es eine klare Unterscheidung zwischen Indica und Sativa heutzutage praktisch nicht mehr gibt. Wusstest du das? Du hast das gewusst, oder?

**Ja, das habe ich gewusst.** (Und auf Seite 33 könnt ihr noch mal kurz nachlesen, warum das so ist.) **Okay, aber jetzt zurück zu den Tipps. Zum Brownie-Backen.**

Ach ja, die Brownies. Und die Rice Krispies. Die kennen die Leute halt. Ich habe aber festgestellt, dass viele Menschen gar nicht so erpicht darauf sind, etwas Süßes zu essen. Sie nehmen Cannabis aus medizinischen Gründen und möchten dafür nicht einen Brownie essen müssen.

Ich rate immer dazu, Cannabis in Kokosöl zu lösen. So kann man gleichzeitig eine Salbe daraus machen, das heißt, man hat zwei Verwendungsmöglichkeiten. Wir haben festgestellt, dass wir mit Kokosöl eine höhere Potenz erreichen als mit Butter. Für unser Geschäft stellen wir deshalb zuerst Cannabis-Kokosöl her und fügen es bei unserem Gebäck zur Butter hinzu.

## Wofür kann man das Cannabisöl sonst noch zu Hause einsetzen?

Bei Rezepten, die irgendein Fett erfordern, ist es leicht. Einfach einen Teil des Fetts durch das Öl ersetzen. Besonders simpel ist ein Smoothie, in den man ein bisschen Cannabisöl gibt. Hier das Rezept:

- 240 g frisches Obst
- 180 ml Milch deiner Wahl – Kuh, Mandel, Hafer, egal
- 1 tiefgefrorene Banane
- 2 Teelöffel Cannabisöl

Alles im Mixer pürieren. Das Öl dient als Emulgator. Ergibt 2 Portionen.

**Ich weise die Leute immer darauf hin, dass die Angaben zur Stärke oder Menge ohne Labortest nur geschätzt sein können und es am Anfang am besten ist, lieber nur einen Teelöffel zu verwenden. Stimmst du mir zu?**

Absolut. Ein Teelöffel ist die Standardmenge. Für extrem Vorsichtige empfehle ich einen halben.

## Noch ein letzter Tipp?

Man sollte das Öl nicht auf Temperaturen über 175 °C erhitzen. In unseren Labortests haben wir festgestellt, dass die wichtigsten Cannabinoide und Terpene bis zu dieser Temperatur erhalten bleiben. Wenn man zum Beispiel etwas heiß anbraten will, gibt man das Öl erst zum Schluss hinzu, wenn die Pfanne nicht mehr auf dem Herd steht.

# Speisen und Getränke mit Cannabis

Als Cannabisfan und begeisterte Köchin hat sich Penny Barthel (auf Seite 88 könnt ihr noch einmal ihren Garten besichtigen) auf die Fahne geschrieben, Menschen, die sich für Cannabis interessieren, mit der Art des Cannabiskonsums vertraut zu machen, die am besten zu ihnen passt und mit der sie sich wohlfühlen. Ihr Start-up Let's Sesh bietet in der Bay Area Workshops für Erwachsene an, die Cannabis noch nicht ausprobiert haben oder nach langer Pause wieder konsumieren möchten. Genaues findet ihr auf wonderingaboutweed.com.

*Links*
Penny und ich stehen beide auf die gleichen Kräuter: Zitronenverbene und Minze.

*Rechts*
Ein paar Tropfen Tinktur zu den Teekräutern hinzufügen. Falls eure Hanfblüten gerade blühen, legt noch eine frische Blüte ins Glas! Sie wird nicht psychoaktiv wirken, aber ihr kriegt garantiert eine ordentliche Dosis Terpene und Cannabinoide ab.

# Kräuteraufguss mit Schuss

Natürlich spricht überhaupt nichts dagegen, sich einfach ein paar Tropfen Tinktur in den Mund zu träufeln und zu exen, aber der Alkohol brennt schon ganz schön. Das lässt sich wunderbar umgehen, indem man die Tinktur in ein Getränk mischt. Es kann einfach Wasser sein, doch es geht auch fantasievoller. Hier kommt ein Kräuteraufguss ins Spiel – mit frischen Kräutern, die man mit kochendem Wasser übergießt und ziehen lässt. (Ich nenne es hier nicht Tee, denn streng genommen stammen alle echten Tees – grüner Tee, Schwarztee, weißer Tee und Oolong – von ein und derselben Pflanze, nämlich *Camellia sinensis*, der Teepflanze.)

*Zutaten*

Eine großzügige Handvoll frische, gewaschene Kräuter. Egal welche. Sehr gut schmecken Kamille, Lavendel, Zitronenverbene und Minze.
Einige Tropfen Cannabistinktur

*So geht's*

- Die Kräuter in den Becher oder die Teekanne geben und mit kochendem Wasser übergießen.
- 4 Minuten ziehen lassen, dann abseihen.
- Ein paar Tropfen Tinktur hineingeben und genießen.

Ziehen lassen, dann abseihen und euren Kräuteraufguss mit Schuss genießen.

# Die perfekte (vegane) Schokosauce

**Ich liebe Süßes. Ihr könnt ja gern euer Cannabisöl in einen Smoothie kippen (das Rezept steht auf Seite 233) und euch auf die Seite der Gesundheitsfreaks schlagen – ich bleibe hier drüben bei den Dessertverfechtern stehen.**

*Zutaten*
150 ml Wasser
110 g ungesüßte (falls gewünscht vegane) Schokolade, gehackt
200 g Kristallzucker
¼ Teelöffel Meersalz
60 ml Cannabis-Kokosöl
½ Teelöffel reiner Vanilleextrakt

Das Cannabis-Kokosöl wird in die selbst gemachte Schokosauce gerührt.

*So geht's*

- Wasser, Schokolade, Zucker und Meersalz in einem mittelgroßen Topf mischen.
- Bei mittlerer Hitze unter Rühren mit einem Schneebesen zum Kochen bringen.
- 1–2 Minuten köcheln lassen, bis die Sauce leicht andickt.
- Vom Herd nehmen, Cannabisöl und Vanilleextrakt zugeben und alles glatt rühren.
- Etwas abkühlen lassen, dann die lauwarme Masse ein paar Sekunden mit dem Handrührgerät aufschlagen. Dadurch bekommt sie eine glatte, samtige Konsistenz.
- Über Eiscreme gießen oder so verwenden, wie ihr Schokosauce am liebsten mögt.
- In einem luftdicht verschlossenen Gefäß hält sich die Sauce im Kühlschrank einen Monat.

*Links*
Schokosauce mit Cannabisöl schmeckt gut zu Eiscreme.

*Rechts*
Hier probieren wir die Sauce. Die Wahrheit: Ich habe das Gras diesmal nicht vorher decarboxyliert, sondern gemogelt, indem ich es einfach 20 Minuten lang im Kokosöl erhitzt habe. Hat aber trotzdem geklappt. Kurz nachdem dieses Foto aufgenommen wurde, habe ich sämtliche Küchenschränke aufgeräumt.

# Ein paar Hinweise zur Dosierung

Die genaue Stärke einer selbst hergestellten Tinktur zu berechnen, ist ohne einen Labortest nicht möglich, Punkt. Die Zahl der Labore, die relativ günstig (unter 100 Dollar) solche Tests anbieten, steigt in den USA allmählich, und ein Test lohnt eventuell, wenn ihr unbedingt die genaue Potenz eures Cannabis, entweder der Blüten oder des Extrakts, wissen möchtet.

Ansonsten ist es ein Ratespiel. Hier kommen ein paar Anhaltspunkte für eure Schätzungen:

## 1

Versucht, den THC- oder CBD-Gehalt des Grases, das ihr verwendet, herauszubekommen. Meine Lieblingssorte Blueberry Muffin zum Beispiel enthält im Durchschnitt 16 Prozent THC. Natürlich kann es schwierig oder unmöglich sein, diese Information zu beschaffen, je nachdem, woher ihr euer Gras beziehungsweise eure Samen bezieht. Kann sein, dass sie auf der Saatgut-Packung steht oder online einsehbar ist. Die Bandbreite ist groß, sie reicht von nahezu null bis 25 Prozent THC-Gehalt. Beim CBD schwankt der Wert zwischen fast null und etwa 10 Prozent.

## 2

Die getrockneten Blüten wiegen. (Ich nehme dafür die Waage, die sich mein Mann für seinen obercoolen Hipster-Filterkaffee-Quatsch angeschafft hat.) Dann den Grammwert mit 1000 multiplizieren, um ihn in Milligramm umzurechnen.

4 Gramm x 1000 = 4000 Milligramm

## 3

Diese Zahl dann mit dem durchschnittlichen THC-Gehalt (als Dezimalzahl ausgedrückt) multiplizieren, um die Menge des verfügbaren THC im gewogenen Gras zu ermitteln. Bei einer Sorte mit 16 Prozent THC-Gehalt also:

4000 mg x 0,16 = 640 mg

## 4

Anschließend die Menge für eine kleine Portion ermitteln, zum Beispiel für einen Teelöffel (5 ml). Sagen wir mal, man versetzt 240 Milliliter Öl mit 4 Gramm Blueberry Muffin. 240 Milliliter entsprechen 48 Teelöffeln.

640 mg : 48 = 13,33 mg pro Teelöffel

Oder man nimmt dieselben 4 Gramm Blueberry Muffin und macht daraus mit 240 Millilitern Wodka eine Tinktur. Die Tinktur möchte man anschließend in ein Fläschchen umfüllen und dann mit einer 1-Milliliter-Pipette dosieren.

640 mg : 240 = 2,67 mg pro Dosis à 1 ml

Noch mal: Das sind nur ungefähre Werte. Bei jeder Extraktionsmethode geht ein bisschen Wirkstoff verloren. Die 16 Prozent THC sind also kein komplett akkurater Ausgangspunkt für eure Rechnung. Zum Beispiel bei der Tinktur – das Cannabis ist im Endprodukt nicht mehr vollständig enthalten, denn ein bisschen bleibt beim Durchseihen definitiv im Tuch zurück, egal wie fest ihr es ausdrückt. Also ein Schätzwert. Klaro?

# Welche Dosis ist die richtige?

Das ist bei jedem anders. Manche merken von 3 Milligramm THC so gut wie nichts, während diese Menge bei meiner Mutter zu der felsenfesten Überzeugung führt, dass sie über genau alles, was sich vor ihren Augen abspielt, einen Dokumentarfilm drehen sollte (sollte sie nicht). Noch ein guter Grund, erst mal klein anzufangen – mit ein paar Tropfen oder ¼ Teelöffel (1,25 ml) –, mindestens zwei Stunden zu warten und es erst dann mit mehr zu versuchen.

# Glück-
# wunsch!

Lasst euch loben – ihr habt die wahrscheinlich älteste Kulturpflanze der Welt angebaut. Damit habt ihr euch auch in die uralte Tradition der menschlichen Beschäftigung mit Hanf eingereiht. Zeit, sich dessen bewusst zu werden, es zu feiern und, falls es euch so geht wie mir, die Tage bis zur nächsten Aussaat im Frühjahr zu zählen.

# Bezugsquellen

Hier noch einige Empfehlungen für Zubehör, mit dem von Anfang bis Ende alles ganz besonders rundläuft.

## *Für den Anbau*

Quictent Waterproof UV Protected Reinforced Greenhouse: Tragbares kleines Gewächshaus, das euren Pflanzenbabys Schutz vor Kälte, starkem Regen und Sonnenlicht bietet.
*quictents.com*

Agribon AG-19 Floating Row Cover: Pflanzenvlies, das Insekten abwehrt und vor leichtem Frost schützt – ebenfalls eine gute Methode, die Sämlinge zu schützen.
*groworganic.com*

Phylos Plant Sex Tests: DNA-Test-Sets zum Einsenden, mit denen man das Geschlecht der Pflanzen bereits wenige Tage nach dem Keimen bestimmen kann.
*phylos.bio*

Hydrofarm Dirt Pot: Bewegliche, tragbare Pflanztasche aus recyceltem Gewebe.
*hydrofarm.com*

Terra Trellis Toki Bubble Trellis: Skulpturartige Stütze, die die Pflanzen beim Heranwachsen stabilisiert.
*terratrillis.com*

## *Für die Maniküre*

Chikamasa B-500sf Stainless Steel Scissors: In Japan gefertigte Schere zum Maniküren der Pflanzen, mit Antihaftbeschichtung.
*growforlife.com*

Heavy Harvest Trim Tray: Das Tablett filtert das Kief beim Maniküren durch ein feines Stahlsieb und fängt es auf.
*monstergardens.com*

## *Für die Trocknung*

AcuRite Humidity and Temperature Monitor: Ein unkompliziertes Gerät, um die Temperatur und die Luftfeuchtigkeit im Trockenraum zu überwachen.
*acurite.com*

## *Für die Lagerung*

Boveda 2-Way Humidity Control: Befeuchtungspäckchen, die beim Lagern für Feuchtigkeitsausgleich sorgen.
*bovedainc.com*

Prepara EVAK Storage Containers: Transparente Plastikbehälter, deren Deckel beim Verschließen die Luft herausdrücken und so für längere Frische sorgen.
*prepara.com*

CVault Container: Dosen aus Edelstahl zur luftdichten Lagerung mit Halterung für Boveda-Päckchen.
*cvaultstorage.com*

## *Für die Verwendung*

PAX Vaporizer: Vaporizer zum Dampfen getrockneter Blüten.
*paxvapor.com*

RAW Natural Rolling Papers: Alle Blättchen dieser Marke sind rein pflanzlich und ungebleicht, es gibt sogar eine Sorte, die aus Biohanf hergestellt wird.
*rawthentic.com*

# Lektüreempfehlungen

Ob ihr euch nun weiter in die Geschichte der Pflanze vertiefen wollt oder lediglich Tipps braucht, wie man bessere Cannabis-Brownies hinbekommt, hier findet ihr ein paar großartige Quellen zum Weiterlernen.

*Geschichte und Kultur*

Robert C. Clarke/Mark D. Merlin: *Cannabis. Evolution and Ethnobotany.* University of California Press, 2016.

Ryan Stoa: *Craft Weed. Family Farming and the Future of the Marijuana Industry.* MIT Press, 2018.

*Anbau*

David Deardorff/Kathryn Wadsworth: *What's Wrong with My Marijuana Plant? A Cannabis Grower's Visual Guide to Easy Diagnosis and Organic Remedies.* Ten Speed Press, 2017.

Ed Rosenthal: *Marijuana Grower's Handbook. Your Complete Guide for Medical and Personal Marijuana Cultivation.* Quick American Archives, 2010.

Ed Rosenthal/David Downs: *Marijuana Harvest. Maximizing Quality & Yield in Your Cannabis Garden.* Quick American Archives, 2017.

Madrone Stewart: *Feminist Weed Farmer. Growing Mindful Medicine in Your Own Backyard.* Microcosm Publishing, 2018.

*CBD*

Project CBD: Der ideale Anlaufpunkt, um all eure Fragen zu CBD beantwortet zu bekommen.
*projectcbd.org*

*Fotografie*

Wer Cannabisblüten von ganz nah sehen möchte, sollte Erik Christiansens Instagram-Account besuchen.
@erik.nugshots

*Verwendung*

Richo Cech: *Making Plant Medicine.* Herbal Reads, 2000.

Stephanie Hua/Coreen Carroll: Pikante und *süße Häppchen in der modernen Hanf-Küche.* AT Verlag, 2020.

Laurie + Mary Jane: Rezepte und Hinweise fürs Kochen mit Cannabis.
*laurieandmaryjane.com*

Ed Rosenthal/David Downs: Beyond Buds. *Marijuana Extracts – Hash, Vaping, Dabbing, Edibles and Medicines.* Quick American Archives, 2014.

# Dank

An Carole Bidnick, weil sie zu gleichen Teilen Agentin und gute Fee ist. Es ist ein Glück, dich auf meiner Seite zu wissen.

An Kitty Morgan, weil sie mich auf diesen Trip geschickt hat.

An Rachel Weill, die meine kreative Co-Pilotin war.

An Laura Dozier, weil sie an dieses Projekt geglaubt und mich angetrieben hat.

An Nat Pennington, Ben Lind, Johnny Casali, Cyril Guthridge und Anna Petty-Guthridge, Zero und Tilly Nylin, Zak Powers, Daniel Stein, Dan Grace, Stephen Duarte, Nishan Karassik, Mowgli Holmes, Ellen Markham und Anna Symonds, meine Cannabis-Mentoren, die ihre Kontakte, ihr Wissen und ihre Zeit mit mir geteilt und mir Einblicke in ihre Farmen und einen Teil von sich selbst gewährt haben. Danke, dass ihr mich hereingelassen habt.

An Berkeley Indoor Garden (Jamal!) für die kostenlose Therapiestunde.

An meine Sunset-Familie – Yvonne Stender, Linda Peters, Jim McCann, Amy Machnak, Emma Star Jensen und Janet Sluis. Ich hoffe, unsere Wege werden sich bis ans Ende meiner Tage immer wieder kreuzen.

An Paola Hernández, weil sie mein Dorf gewesen ist.

An Adam, denn: Teamwork makes the dream work. Ich liebe dich so sehr.

An Mom und Dad. Ich nehme eure Entschuldigung für den vielen Hausarrest während der Highschoolzeit an. Das viele Kiffen war alles Recherche, das seht ihr ja jetzt.

# Über die Autorin und die Fotografin

Johanna Silver schreibt regelmäßig für die Magazine *Martha Stewart Living* und *Better Homes and Gardens* und für die Website *Leafly,* sie war Gartenredakteurin beim Magazin *Sunset.* Silver lebt mit ihrem Mann und ihrem kleinen Sohn in Berkeley, Kalifornien. In ihrem Garten baut sie Erdbeeren (hauptsächlich Monatserdbeeren), Blaubeeren, Tomaten, mehrjährige Kräuter, ein bisschen Cannabis und so viele Blumen an wie Platz haben.

Rachel Weill arbeitet als Fotografin in der Bay Area. Sie ist auf Reise-, Food- und Lifestyle-Themen spezialisiert. Ihre Bilder sind in *Condé Nast Traveler, Town & Country* und *Sunset* erschienen. Von allen Motiven, die sie fotografiert, inspirieren sie Farmerinnen und Farmer, Gärtnerinnen und Gärtner am allermeisten.

# Register

*Die kursiv gesetzten Seitenzahlen beziehen sich auf die Abbildung des jeweiligen Stichwortes in einer Fotografie.*

## N



## O



## P



## Q



## R



## S

Design und Illustrationen: Peter Ahlberg, AHL&CO
Die Originalausgabe dieses Buches erschien unter dem Titel *Growing Weed in the Garden* bei Abrams, einem Imprint von ABRAMS, New York 2020.
Dieses Werk wurde vermittelt durch die Literarische Agentur Thomas Schlück GmbH, 30161 Hannover.
Druck und Bindung: Pustet, Regensburg
ISBN 978-3-95614-435-6